动物外科与产科

实训教程

段龙川　主编

中国农业科学技术出版社

图书在版编目(CIP)数据

动物外科与产科实训教程 / 段龙川主编 . —北京：中国农业科学技术出版社，2015. 12

ISBN 978 - 7 - 5116 - 2463 - 5

Ⅰ. ①动… Ⅱ. ①段… Ⅲ. ①家畜外科 - 高等学校 - 教材②家畜产科 - 高等学校 - 教材 Ⅳ. ①S857. 1

中国版本图书馆 CIP 数据核字（2015）第 317635 号

责任编辑 闫庆健 张敏洁
责任校对 贾海霞

出 版 者 中国农业科学技术出版社
北京市中关村南大街 12 号 邮编：100081
电　　话 (010)82106632(编辑室) (010)82109702(发行部)
(010)82109709(读者服务部)
传　　真 (010)82106625
网　　址 http://www.castp.cn
经 销 者 各地新华书店
印 刷 者 北京华正印刷有限公司
开　　本 787mm×1 092mm 1/16
印　　张 7. 25
字　　数 134 千字
版　　次 2015 年 12 月第 1 版 2015 年 12 月第 1 次印刷
定　　价 26. 00 元

《动物外科与产科实训教程》编写人员

主　　编　段龙川　温州科技职业学院

副 主 编　韩青松　温州科技职业学院

刘一江　温州科技职业学院

编写人员　吴　波　温州市动物疫病预防控制中心

李秀红　温州科技职业学院

刘素贞　温州科技职业学院

吴春琴　温州科技职业学院

赵　燕　温州科技职业学院

罗厚强　温州科技职业学院

李培德　温州科技职业学院

胡　霖　温州科技职业学院

周　闯　温州科技职业学院

祝天龙　嘉兴职业技术学院

禹海杰　嘉兴职业技术学院

李　庄　池州职业技术学院

高月林　黑龙江农业职业技术学院

韩　峰　南京艾贝尔宠物医院

前　言

时代的进步和社会经济的发展加快了动物医学前进的步伐。近20年来，动物医学取得了前所未有的发展，其中，重要传统学科动物外科与产科的进步尤其显著。学科的发展源于社会的实际需求，随着社会意识形态的改变与人民生活水平的提高，传统的役用家畜逐渐退出历史舞台，伴侣动物的数量显著增多。为了适应这一变化，动物外科与产科的实训教学内容在保留了传统大家畜重要操作技能的基础上，做出相应调整，新增了伴侣动物的内容。

本实训教程共有27个实验，其主要内容包括：器械识别及使用、灭菌与消毒、打结与缝合、眼科手术、消化系统手术、泌尿系统手术、生殖系统手术、产科疾病及治疗方法等。本书在保留传统家畜动物外科与产科猪的阉割、公鸡的阉割等实训内容的基础上，新增了伴侣动物的相关内容。实验设计多以伴侣动物为主，对传统大家畜外科与产科的教学工作，形成了有益的补充。

参与编写本实训教材的人员，不仅有长期从事动物外科与产科教学和临床兽医的教师，还有来自长期在临床一线宠物医院工作的医生、专家，他们深谙亟须及其取舍与深度，但由于授课学时与教材篇幅的限制，加之时间仓促、水平有限，虽已精心尽力，但书中难免有不足之处，恳请广大读者和同行专家提出宝贵意见。

编者

2015年11月

目　录

实验一　常用外科手术器械的识别与使用

【实验目的】

1. 了解常用基本手术器械的种类及适用范围。

2. 熟练掌握常用手术器械的正确使用方法。

【实验内容】

通过对器械的识别和练习，熟练掌握常用外科手术器械的正确使用方法，明确各器械的使用情况及应用禁忌。

【实验材料与器械】

手术刀、手术剪、手术镊、止血钳、持针器、布钳、肠钳、缝合针、丝线、肠线等。

【实验步骤】

1. 识别并练习使用下列常用手术器械

(1) 手术刀

主要用于切开和分离组织，另外还可用刀柄做组织的钝性分离，或代替骨膜分离器剥离骨膜。在手术器械不足的情况下，可暂代手术剪做切开腹膜、切断缝线等操作。

手术刀分固定刀柄和活动刀柄两种。活动刀柄手术刀由刀柄和刀片两部分组成，装刀片的方法是用止血钳或持针器夹持刀片约上1/3处，装置于刀柄前端的槽缝内；手术结束后轻轻夹起刀片背侧尾端，平行向前将刀片退下（图1－1)。手术刀片应及时更换，以确保刀刃锋利（图1－2)。

执刀方法要正确，动作力度应得当、准确、有效，避免造成组织过度损伤。执刀姿势根据不同的需要分为：指压式、执笔式、全握式和反挑式4种（图1－3)。

①指压式：以手指按压刀背后1/3处，用腕与手指的力量切割。适用于需用较大力切开的部位，如大动物的皮肤、腹膜等。

②执笔式：如同执钢笔。动作涉及腕部，力量主要集中于手指，适用于小力量短距离精准操作，多用于小动物。

③全握式：力量在手腕。适用于切割范围较广，用力较大的切开术，因手腕用力不是很精确，故很少使用，偶用于大动物手术。

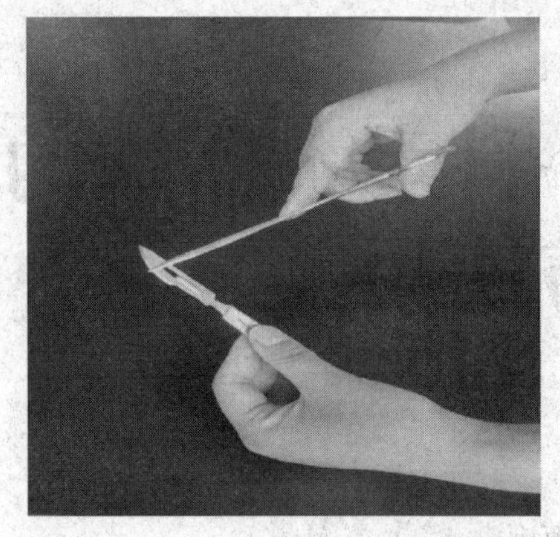

1.刀片的装法

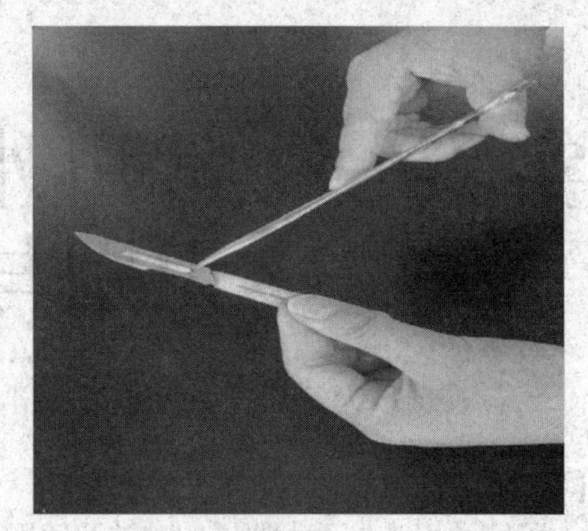

2.刀片的取法

图1-1 手术刀片装、取法

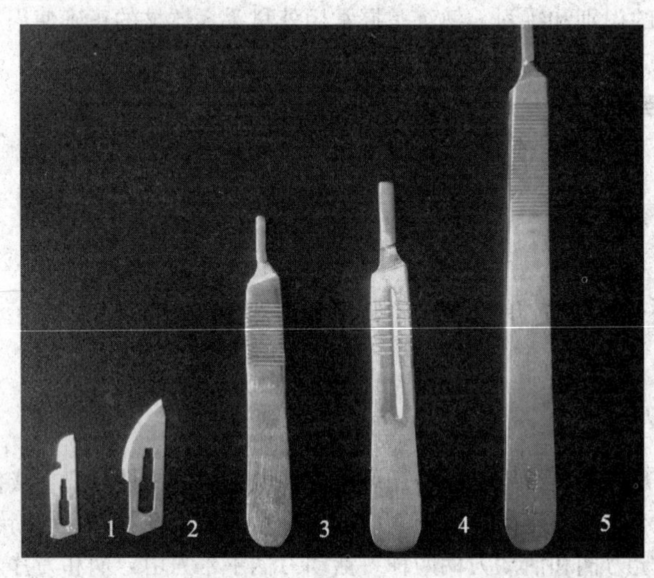

图1-2 不同类型的手术刀片和刀柄

1. 13号 2. 23号 3. C0 4. CR 5. 3L

④反挑式：刀刃由组织内向外挑开，以免损伤深部组织。多用于膜性器官的切开，如腹膜的切开。

外科手术时，应根据手术的种类和性质选择不同的执刀方式。不论采用何种执刀方式，拇指均应放在刀柄的横纹或纵槽处，食指放在刀柄对侧的近刀片端，以稳住刀柄并控制刀片的方向和力量。刀柄握的过高或过低都会影响操作：过高不易控制运刀的方向和力度；过低则会妨碍视线。用手术刀切开或分离组织时，除特殊情况外，一般要用刀刃突出的部分，避免因刀尖插入深层看不见的组织内而误伤重要的组织和器官。此外，手术操作时要根据不同部位的解剖特点控制力量和深度，避免造成意外的组织损伤。

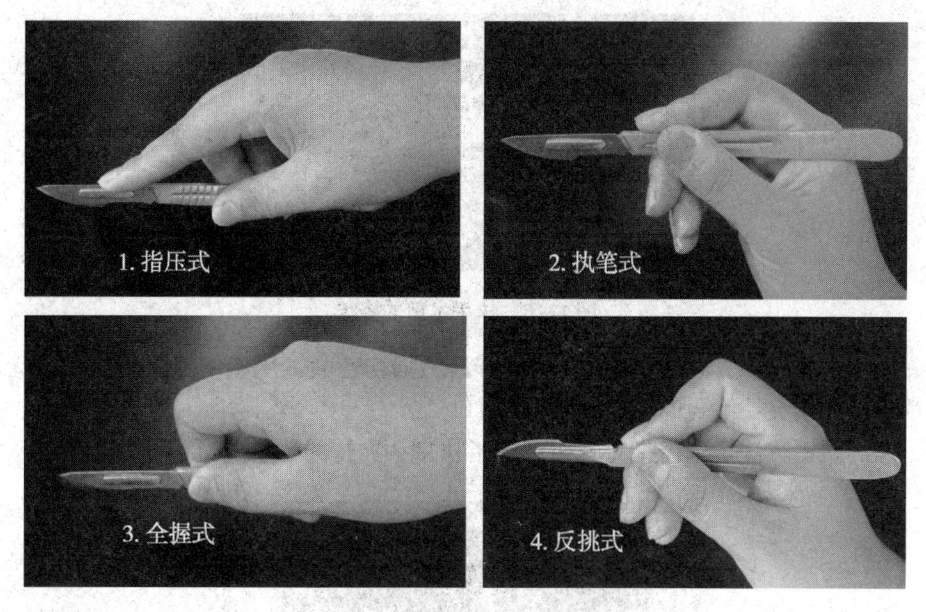

图1－3　执手术刀的姿势

（2）手术剪

分为组织剪和剪线剪两种。组织剪用于分离组织和剪断组织，剪线剪用于剪断缝线。为适应不同性质和部位的手术，组织剪分为大小、长短和弯直几种，直剪用于浅部手术操作，弯剪用于深部组织分离（图1－4）。

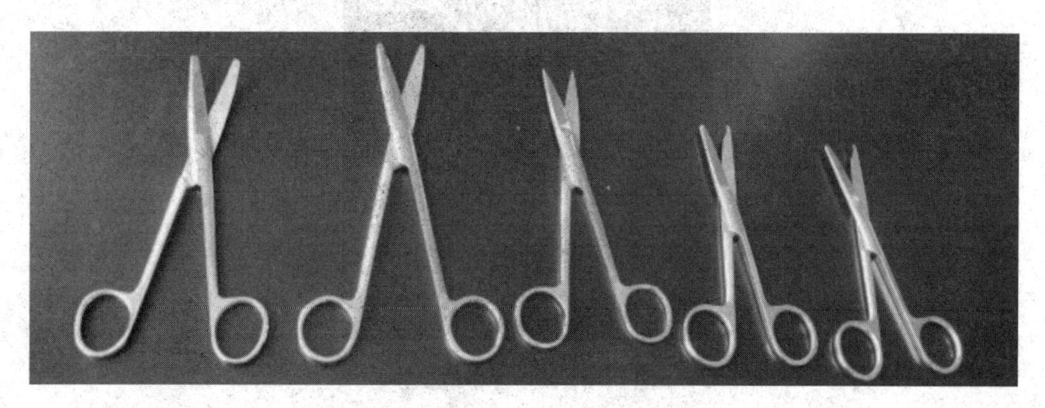

图1－4　手术剪

正确的执剪法是以拇指和第四指插入剪柄的两环内，但不宜插入过深，食指轻压在剪柄和剪刀交界的关节处，中指放在第四指插入环的前外方柄上，准确的控制剪开的方向和长度（图1－5）。其他的执剪方法则各有缺点，均是不正确的。

（3）手术镊

用于夹持、稳定或提起组织以利于切开和缝合。镊有不同的大小和长度，其前端有

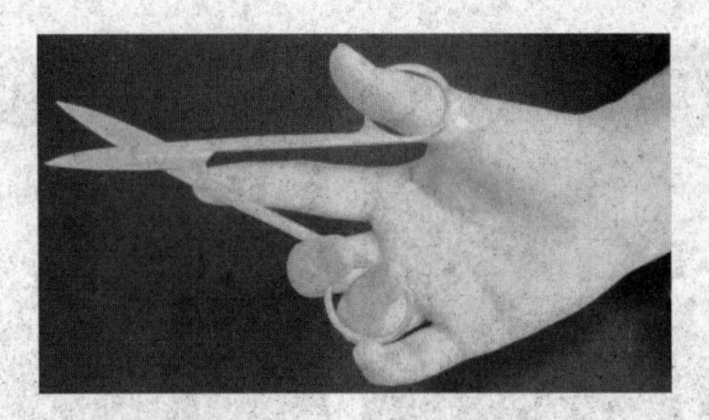

图1－5 执手术剪的姿势

有齿和无齿（平镊）、尖头和钝头之分。有齿镊损伤性大，用于夹持坚硬组织。无齿镊损伤性小，用于夹持脆弱的组织和脏器。

正确的执镊方法是用拇指对食指和中指执拿，夹持的力量应适中（图1－6）。

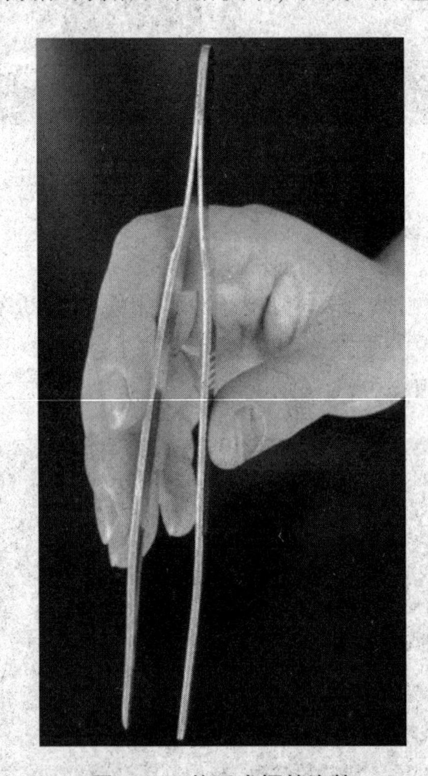

图1－6 执手术镊的姿势

（4）止血镊

又叫血管钳，主要用于夹住出血部位的血管或出血点，以达到直接钳夹止血的效果；有时也用于分离组织、牵引缝线。止血钳也分弯、直两种：直钳用于浅表组织和皮下止血，弯钳还可用于深部止血（图1－7）。

外科手术中使用止血钳止血时，应尽可能的避免钳夹过多的组织，防止影响止血的效果或造成不必要的组织损伤。任何止血钳对组织都有压榨作用，所以不宜用于夹持皮

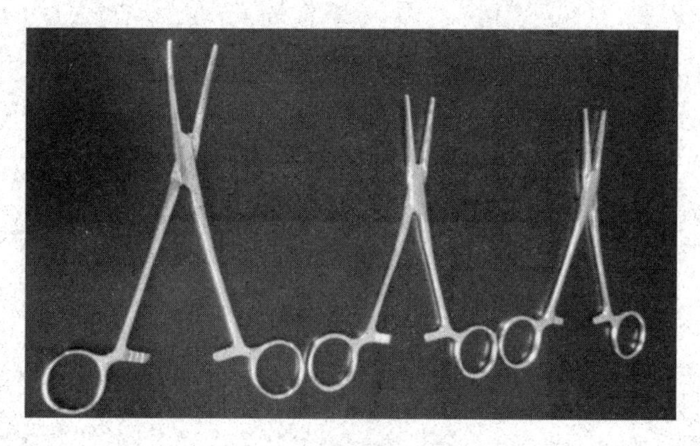

图1-7 各种类型止血钳

肤、脏器及脆弱组织。执拿止血钳的方式和手术剪相同。

松钳方式：用右手时，将拇指及第四指插入柄环内捏紧使扣分开，再将拇指内旋即可；用左手时，拇指及食指持一柄环，第三、第四指顶住另一柄环，二者相对用力，即可松开（图1-8）。

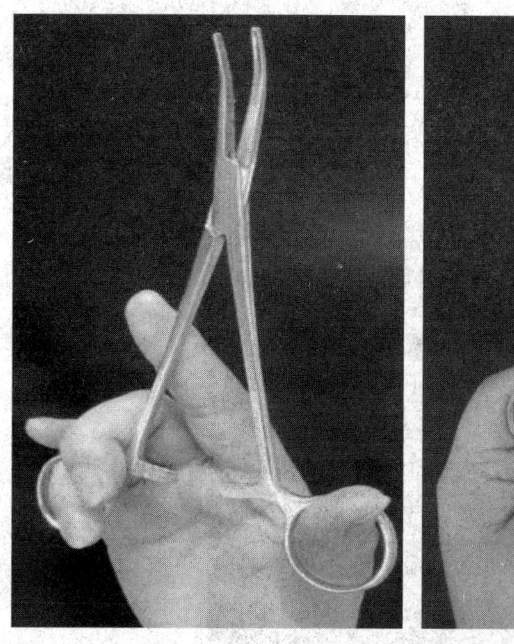

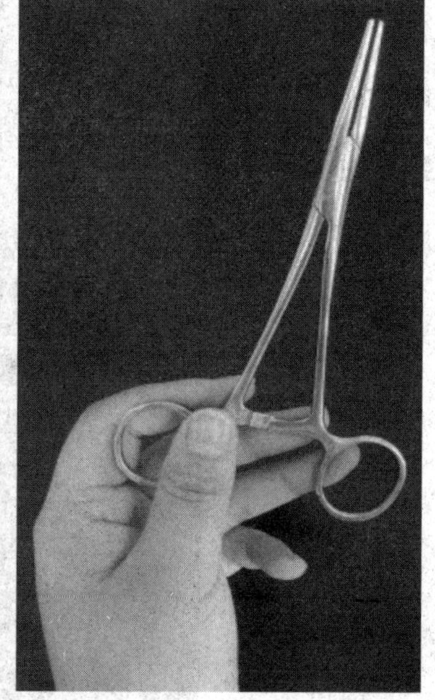

图1-8 右手、左手松钳法

（5）持针器

又叫持针钳，用于夹持缝针缝合组织。持针器分为握式持针器和钳式持针器两种。

使用持针器夹持缝针时，缝针应夹在靠近持针器的尖端，若夹在齿槽中间，则易将针折断。一般夹在缝针的针尾1/3处，缝线应重叠1/3，以便于操作（图1-9）。

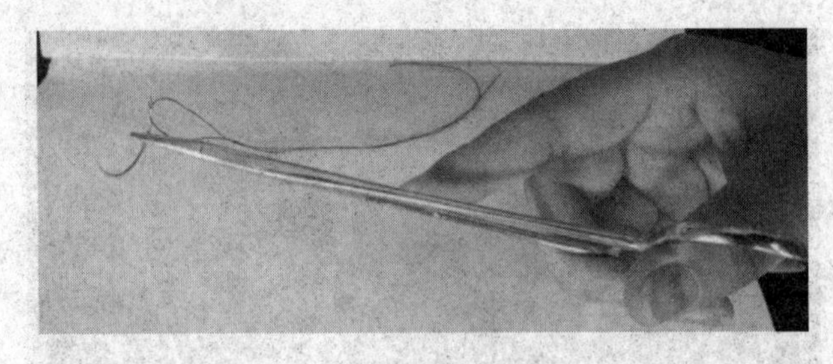

图 1－9　持针钳

(6) 缝合针

主要用于闭合组织或贯穿结扎。缝合针分为两种类型：无眼缝合针（无损伤缝针）和有眼缝合针。无损伤缝针有特定的包装，保证无菌，可以直接使用，多用于血管、肠管缝合。有眼缝针根据针孔的不同又分为穿线孔缝合针和弹机孔缝合针，后者的针孔有裂槽，缝线由裂槽直接压入针眼，便于穿线。缝合针根据弧度的不同分为直形、1/2 弧形、3/8 弧形和半弯形。缝合针尖端分为圆锥形和三角形两种。圆针主要用于胃肠、膀胱、子宫等脏器的缝合；三角形针有锐利的刃缘，用于较厚致密组织的缝合，如皮肤、腱、筋膜及瘢痕组织等。

(7) 巾钳

用于固定手术巾，使用时连同手术巾一起夹住皮肤，防止手术巾移动（图 1－10）。

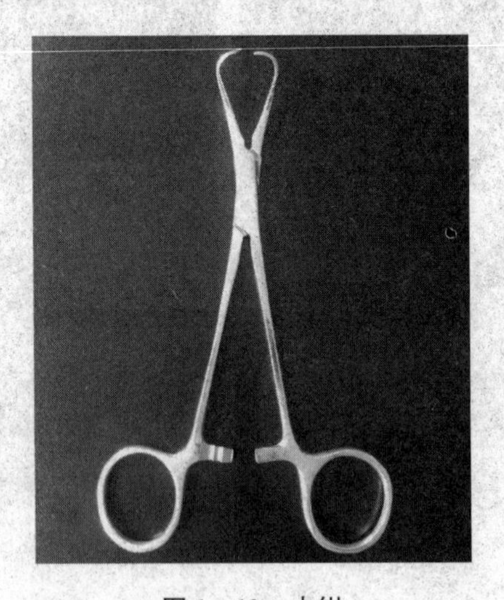

图 1－10　巾钳

(8) 肠钳

用于肠管手术，其齿槽薄，弹性好，对组织损伤小，可以阻断肠内容物的移动、溢出或肠壁出血（图 1－11）。

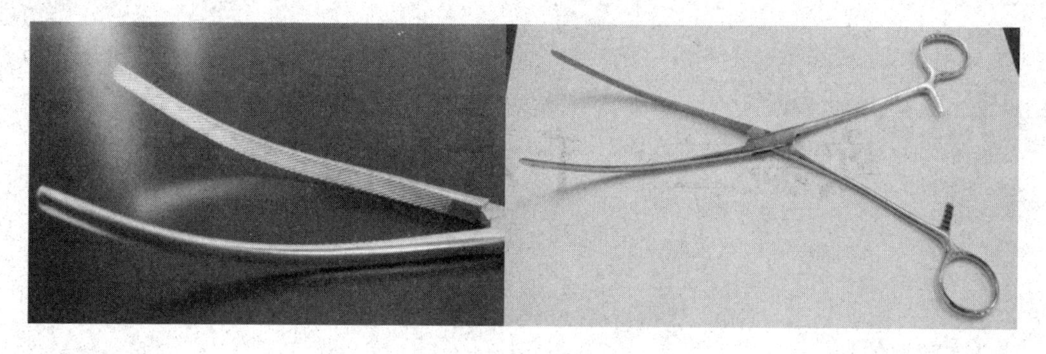

图1－11　肠钳

2. 练习并掌握手术器械的摆放及传递方式

手术前应将所用器械分门别类地摆放在器械台的一定位置上，传递器械时应将器械的握持部递交到术者手中。传递手术刀时，助手握住刀柄与刀片衔接处的背部，将刀柄送至术者手中；传递剪刀、止血钳、手术镊、持针器等时，助手应握住器械的中部，将柄端递给术者；传递直针时，应先穿好缝线，拿住缝针前部将针递给术者。切忌将刀刃或针尖等锐利一端直接传递给操作人员（图1－12）。

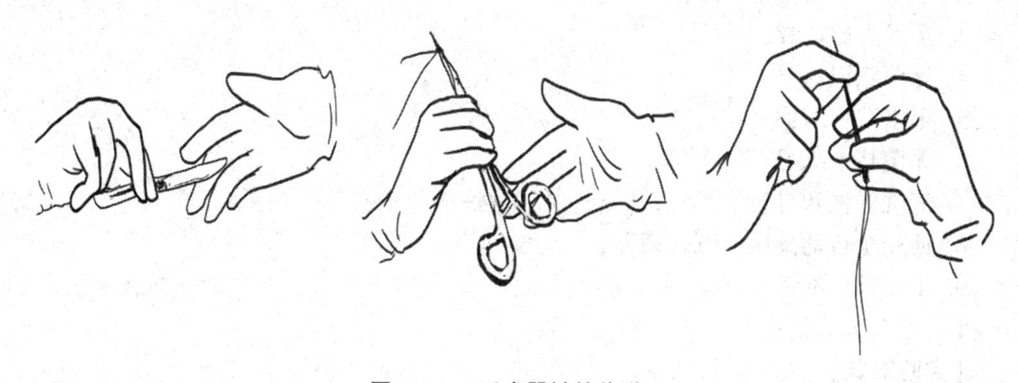

图1－12　手术器械的传递

1. 手术刀的传递　2. 持针钳的传递　3. 直针的传递

【注意事项】

爱护手术器械是外科工作者必备的素养之一。除了正确而合理地使用手术器械外，还应注意爱护和保养器械。在存放及消毒的过程中要注意将利刃和精密器械与普通器械分开，以免相互碰撞而造成损伤。手术后应及时卸下手术刀片并将器械用清水洗净，洗刷器械不可用力过猛，洗刷止血钳时要注意将齿槽内的血凝块和组织碎片洗净，不允许用止血钳夹持坚、厚物品，更不允许用止血钳夹持碘酊棉球等消毒药棉。金属器械在非紧急情况下禁用火焰消毒。不常用的器械要擦干涂油，置于干燥处保存，并定期检查涂油。

实验二　手术无菌技术

【实验目的】

掌握手术的基本无菌技术，减少人为或医源性感染。

【实验要求】

掌握手术器械、手术部位、手术人员的无菌技术，训练无菌意识。

【实验方法】

先由教师讲解演示手术器械、手术部位、手术人员的无菌操作，再由同学分组进行练习。

【实验内容】

1. 手术器械灭菌；
2. 手术部位消毒与隔离；
3. 手术人员消毒；
4. 无菌意识；
5. 手术室管理；
6. 无菌技术练习；
7. 清洗器械和打包手术包；
8. 使用全自动高压蒸汽灭菌器；
9. 手术部位准备；
10. 手术人员消毒。

【实验对象】

实验犬、猫。

【实验材料与器械】

常规手术器械包，灭菌指示胶带，全自动高压蒸汽灭菌器，肥皂，电动剃毛刀，剃毛刀片，吸尘器，碘伏，70%酒精，创巾，创巾钳，手术帽，手术口罩，刷子，一次性灭菌衣，灭菌手术手套。

【实验步骤】

手术器械灭菌、手术部位准备、手术人员消毒及无菌意识是构成手术无菌技术的4个要素。

1. 手术器械灭菌

在时间充裕、有条件的情况下，一般选择高压蒸汽灭菌。它是一种方便且效果明显的灭菌法。

其他消毒方式包括：新洁儿灭浸泡灭菌法，环氧乙烷灭菌法，煮沸灭菌法。

(1) 高压蒸汽灭菌

①手术包的准备：器械清洗擦干后，松开锁扣，两层棉包巾打包。也可使用其他材料如纸袋、塑料袋打包，不同包装材料维持灭菌的时间有异。

②适用范围：金属、橡胶、纱布等敷料、玻璃均可。塑料在加热过程中可能微分解，释放一些有害物质，多次加热定有损耗，不建议使用此法。

③老式高压锅：操作繁琐，且需要注意安全。

a. 锅内注入蒸馏水直至水位线。

b. 灭菌桶内放入需灭菌物品，为了让高温蒸汽流通，物品尽量垂直放置，堆放不宜紧凑。

c. 将锅盖上的排球软管插入锅内壁的管中。对角均匀旋紧锅盖，关闭所有气阀。

d. 将高压锅放在电炉上，开始加热。

e. 当压强达到0.05MPa时，打开放气阀；待压强回到0MPa时，关闭气阀。

f. 自压强达到0.1MPa（即温度达到121℃）时，加热适当调小，维持在所需压强之上即可。开始计算灭菌时间，30min后停止加热。

g. 打开放气阀放出蒸汽，待压强为0时，开盖取出灭菌物品冷却干燥。

④全自动高压灭菌器：操作简单，1、2步同a、b。设定温度为121℃，时间30min。按下开始。预定时间到达后，打开放气阀放气，待压强降至0MPa后，开盖取出灭菌物品。

⑤灭菌效果监测：指示胶带，此胶带印有白色斜条纹，可任意粘贴在灭菌物上。在121℃经20min，130℃经4min后，斜条纹变为黑色。

⑥无菌状态的期限：双层棉布包装的高压灭菌物品可保持无菌状态30d。如果没有及时干燥或放在脏乱的地方可能被污染。

(2) 新洁尔灭浸泡消毒

①适用范围：金属、橡胶、纱布等敷料、塑料均可。是一种毒性低、对生物体刺激性小的光谱杀菌剂。

②方法：5%（M/V）新洁尔灭溶液稀释50倍。为了防止金属生锈，还可以加入亚硫酸钠，配成0.5%（M/V）溶液。浸泡30min达到消毒效果。如果新洁而灭溶液混入了血液等有机物或阴离子表面活性剂如肥皂等，消毒效果下降。溶液变为灰绿色则失败，需更换。

(3) 环氧乙烷灭菌

①适用范围：不能使用高温灭菌以及新洁尔灭浸泡消毒的物品。我们所见的商品化一次性灭菌导尿管即用此法灭菌。

②原理：环氧乙烷是一种光谱灭菌剂，与 DNA、蛋白质发生烷基化作用，从而杀灭微生物。环氧乙烷穿透性很强，可以穿透微孔，达到产品内部相应的深度。

(4) 煮沸灭菌

①适用范围：金属、玻璃制品。纱布等要求速干的敷料不适用。另外，塑料布建议使用此法，理由同高压蒸汽灭菌。

②方法：将需消毒的物品放入沸水中 15min，若被芽孢污染，至少煮沸 1h。加入小苏打制成 2% (M/V) 的溶液可以提高沸点至 102 ~ 105℃，灭菌时间可以缩短至 10min。

2. 手术部位准备

(1) 除毛

预定切口旁边 5 ~ 20cm (根据犬的大小和可能需要扩大切口)，使用电动剃毛刀或刀片剃毛。可用温热肥皂水浸湿毛发，以便剔除，然后使用吸尘器吸尽毛屑、灰尘。不规则部位可以尝试用脱毛膏。如果无需手术的身体末端如爪部暴露于手术视野之内，可以不剃毛而用棉布或塑料将其包好，然后再使用灭菌创巾或薄膜隔离。

(2) 消毒

①无菌或清洁手术自预定切口向周围画圈消毒，化脓手术自较清洁处向患处画圈涂擦（图 2 - 1）。消毒流程有多种选择，可以使用碘伏喷雾或涂擦，维持 5min，然后用 70% 酒精脱碘。这样重复 3 次。消毒完后尽快手术，避免消毒的视野在空气中暴露过久。

②术中需要消毒黏膜时（如尿道造口术），改用 0.1% 新吉尔灭溶液或洗必泰。眼部手术则用 2% ~4% 硼酸溶液消毒。

(3) 隔离

可以采用一块有孔创巾，或者多块创巾组合进行隔离。目前的孔应充分暴露术野，后者从消毒边缘开始铺设。创巾一旦铺上，只能自术野向外移动，不能够向内移动，否则会将外围的污染带入术野。以巾钳固定，巾钳一旦穿过创巾就不能认为是无菌了。另外，切开空腔或实质器官前在周围用纱布进行隔离可防止污染其他部位。

虽然我们希望所有的手术都能够做到完全无菌，但这可以说是不切实际的。不同手术的感染几率不同，隔离要求也有所不同。例如一般软组织手术，多采用一块有孔创巾

图 2-1 消毒流程示意图

隔离，而全髋置换术因为是植入性手术就要求创巾隔离后，再使用手术无菌贴膜。

3. 手术人员消毒

（1）进入手术室前，换上清洁的衣裤和鞋子或鞋套。戴上口罩和帽子。

（2）指甲应尽量剪短。用肥皂洗手，从指尖到肘部。流水冲洗时也如此。这是因为相比较而言，手比肘部更接近术野。必要时用刷子刷洗指缝，也可以使用 0.1% 新洁尔灭溶液擦洗浸泡 5min。放手胸前自然风干或者用灭菌毛巾擦干（新吉尔灭洗手则不用，以免破坏形成的薄膜）。

（3）双手尽量置于胸前，穿上无菌手术衣，由助手系上衣带（图 2-2 和图 2-3）。

图 2-2 穿毕手术服正面观

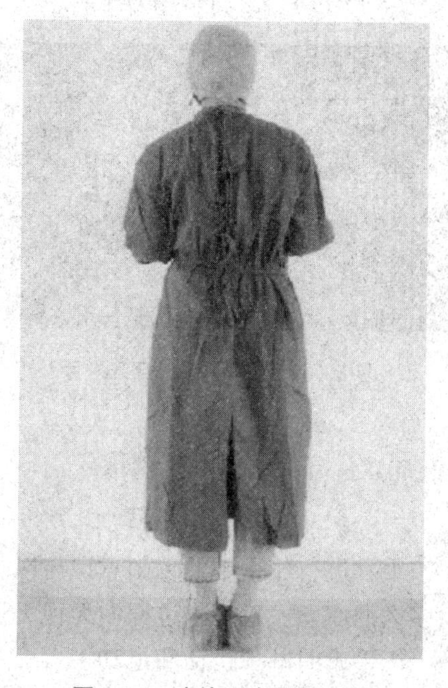

图 2-3 穿毕手术服后面观

(4) 穿戴一次性灭菌手套，双手不伸出袖口，左手隔着袖口捏住右手灭菌手套外面，右手捏手套折返部并穿上。右手插入左手手套折返部并后拉，左手戴上手套，折返部翻回盖住袖口。右手折返部同上。左右手先后并无规定，按各人习惯进行（图2－4至图2－11）。

图2－4 左手隔着袖口捏住右手灭菌手套外面

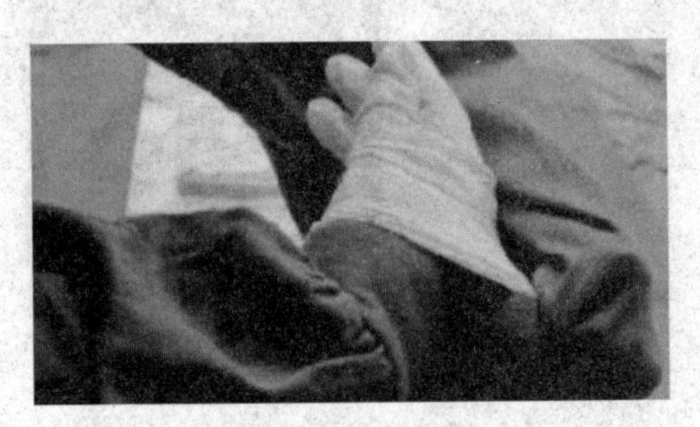

图2－5 右手穿入手套

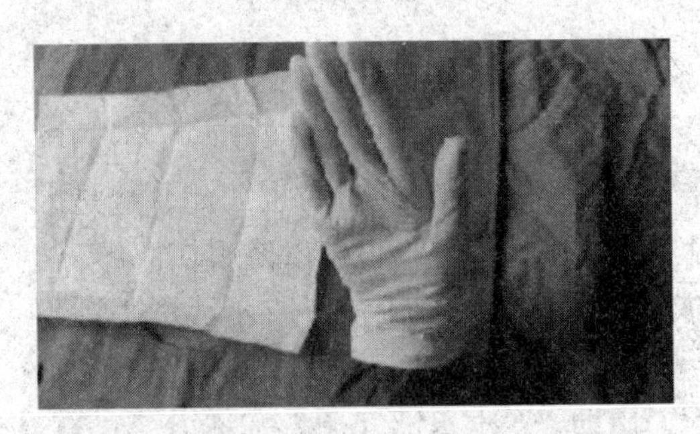

图2－6 右手初步穿好手套

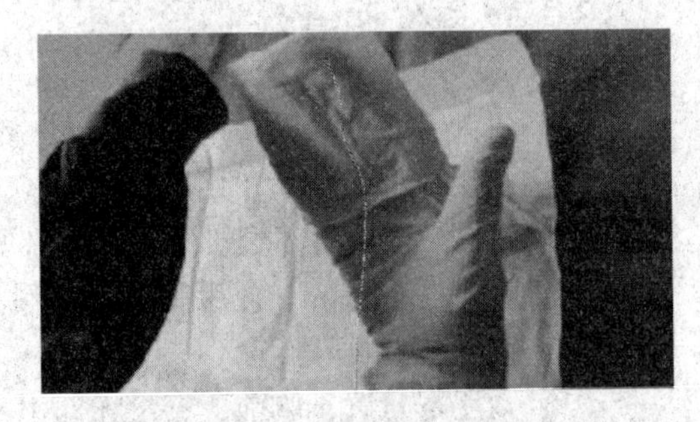

图2－7 右手插入左手手套折返部

图2－8 双手配合，穿入左手

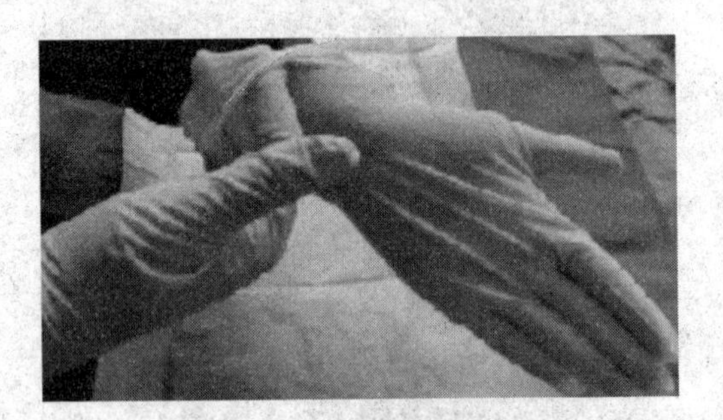

图2－9 完全穿好左手手套

4. 无菌意识

手术进行过程中的无菌意识与以上灭菌准备同样重要。无论器械、人员、术野消毒得多么彻底，一旦手术过程中无视无菌规则，会使一切无菌准备功亏一篑。

①手术时减少讲话和走动。

②手到肘，手术台以上至胸前区域务必保持无菌，尤其是手不要去触摸无谓的术野

图 2-10　完全穿好右手手套

图 2-11　穿毕手套放置位置

之外的地方。

③未消毒人员不应触碰已灭菌物品。

④创巾等隔离术部的物品应该是防水的。

⑤长时间手术（2h 以上），器械和纱布尽量不要袒露在空气中，用包巾遮盖较好。

无菌意识不是几条规则能够概括的，如果能够主动思考自己的操作是否污染了手术部位，一定能够总结出自己的无菌经验。

5. 手术室管理

①无菌/清洁手术室和污染手术室要分开。

②清洁卫生：手术后立即使用消毒液擦洗手术台、器械台和地板上的污物。分类整理用过的物品，尽快清洗手术器械和用品。

③消毒：紫外线照射消毒：紫外线只能对表面消毒，其穿透力很低。照射距离 1m 以内效果较好。

每天所有手术开始前和结束后各消毒一次。每次不少于 30min。此时操作人员最好避开，以免灼伤眼睛和皮肤。

6. 无菌技术练习

①清洗器械和打包手术包。

②使用全自动高压蒸汽灭菌器。

③手术部位准备。

④手术人员准备。

实验三　打结与缝合

【实验目的】

1. 熟练掌握外科手术常用的打结方法。

2. 了解缝合材料的种类，各自的特点及适用的范围。

3. 了解缝合的基本原则，熟练掌握常用的各软组织缝合技术。

【实验内容】

打结与缝合是确保外科手术能够迅速、有效完成的最基本的技术环节。该实验主要通过演示与练习，达到熟练掌握左手单手打结、双手打结以及器械打结等外科手术常用的打结方法的目的，并了解缝合材料和缝合方法的种类以及各自的适用情况，熟练地掌握常用的外科手术缝合方法。

【实验对象】

猪小肠。

【实验材料与器械】

丝线、肠线、聚乙醇酸（PGA）线、圆针、三棱针、组织剪、剪线剪、新鲜猪小肠若干。

【实验步骤】

1. 了解结的种类

常用的结有方结、三叠结和外科结。

（1）方结

又称平结。是手术中最常用的一种，用于结扎较小的血管和各种缝合时的打结。

（2）三叠结

又称加强结。是在方结的基础上再加一个结，共3个结，较为牢固，常用于有张力部位的缝合，大血管和肠线的结扎。

（3）外科结

打第1个结时绕两次，使摩擦面增大，第2个结不容易滑脱和松动。此结牢固可靠，多用于大血管、张力较大的组织和皮肤的缝合（图3－1）。

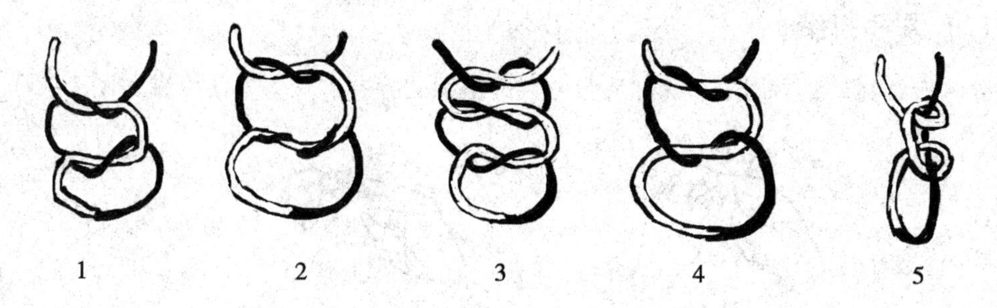

图3－1　各种打结

1. 方结　2. 外科结　3. 三叠结　4. 假结　5. 滑结

2. 练习并熟练掌握以下基本打结方法

(1) 左手单手打结

是最为常用的一种打结方法，因手术中右手常用于持拿器械，故左手单手打结迅速（图3－2）。

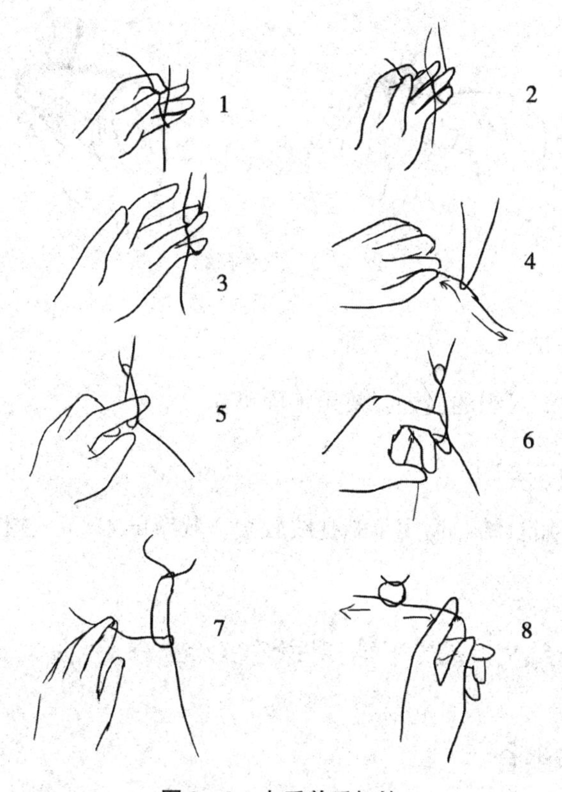

图3－2　左手单手打结

(2) 双手打结

除一般结扎外，常用于对深部或张力大的组织的缝合，较为方便可靠（图3－3）。

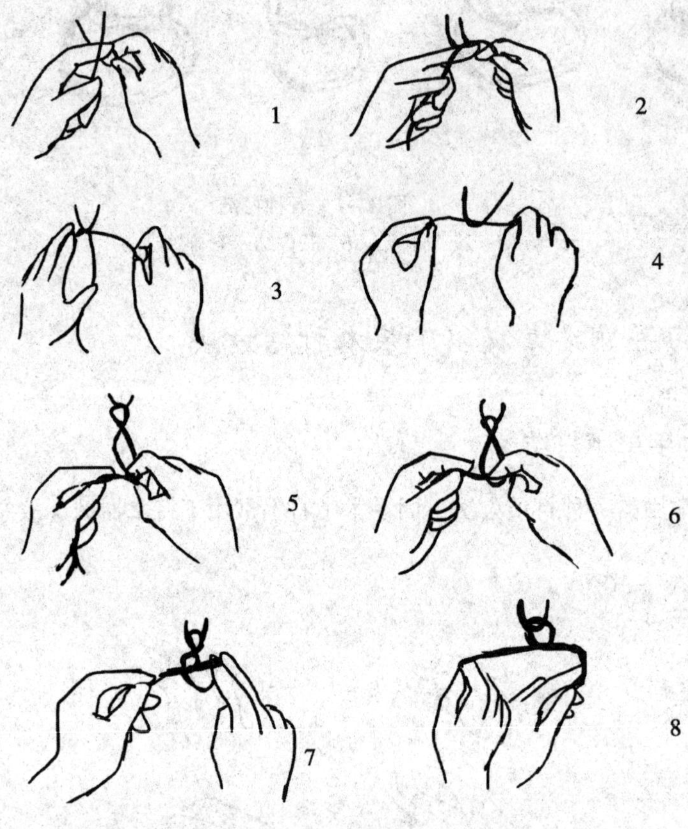

图3－3 双手打结

(3) 双手外科结

常用于张力较大的组织的缝合，效果牢固可靠。

(4) 器械打结

用持针器或止血钳打结。适用于结扎线较短、狭窄的术部、创伤深处和某些精细手术的打结（图3－4）。

3. 练习并熟练掌握以下常用软组织缝合方法

(1) 单纯间断缝合

又称结节缝合，是最常用的缝合方式。缝合时缝针由创缘一侧垂直刺入，于对侧相

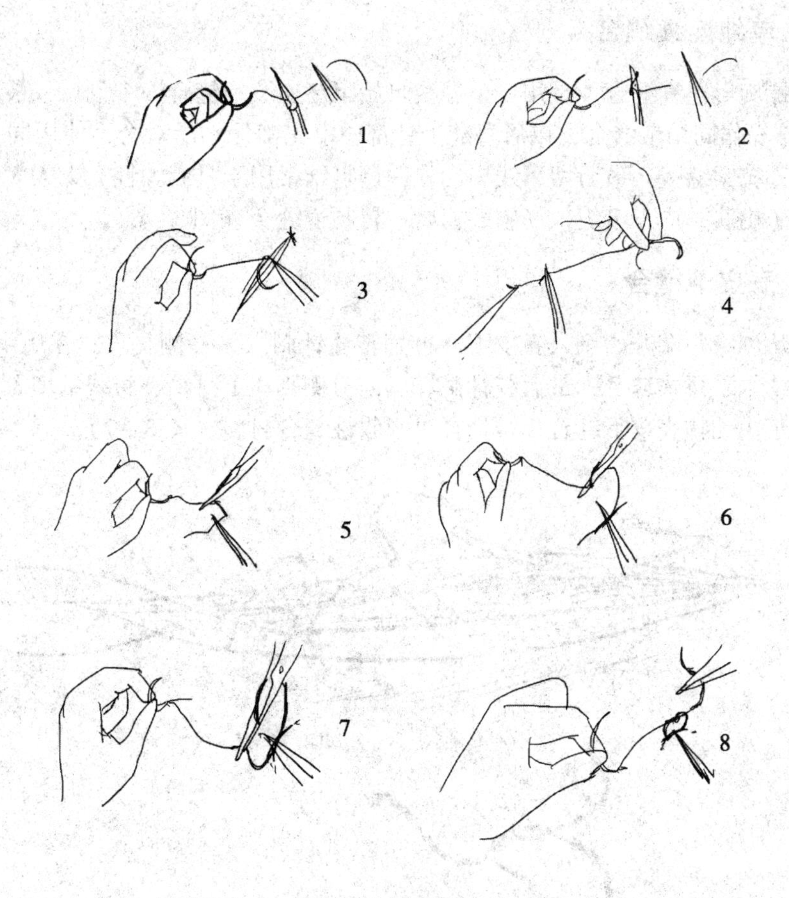

图 3-4　器械打结

应的部位穿出打结。每缝 1 针，打结 1 次。缝合时，创缘要密切对合，缝线间距相等，打结在切口一侧，防止压迫切口。用于皮肤、皮下组织、筋膜、黏膜、血管、神经、胃肠道的缝合（图 3-5）。

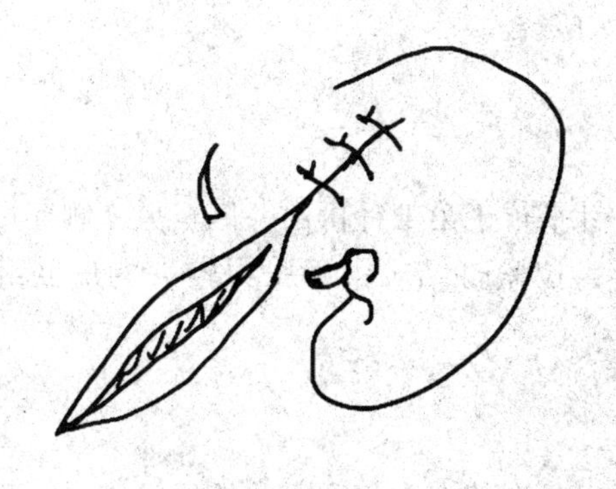

图 3-5　结节缝合

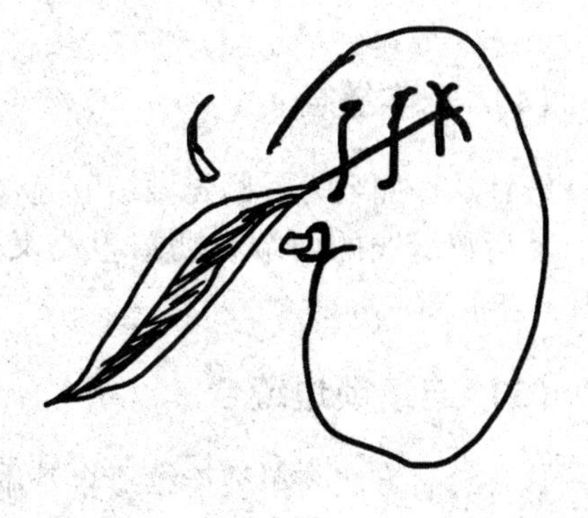

图 3-6　螺旋形连续缝合

（2）单纯连续缝合

又称螺旋形连续缝合。是用一条缝线自始至终连续地缝合一个创口，最后打结。第1针和打结操作同结节缝合，以后每缝1针都应事先确保创缘对合，使用同一缝线以等距离缝合，拉紧缝线，最后留下线尾，在一侧打结常用于具有弹性、无太大张力的较长创口。用于皮肤、皮下组织、筋膜、血管、胃肠道缝合（图3－6）。

（3）表皮下缝合

缝针从创缘一端开始刺入真皮下，再翻转缝针刺入另一侧真皮，在组织深处打结。再应用连续水平褥式缝合，最后缝针翻转刺向对侧真皮下打结，将线结埋置于深部组织内。适用于小动物表皮下缝合，常选择可吸收性缝合材料（图3－7）。

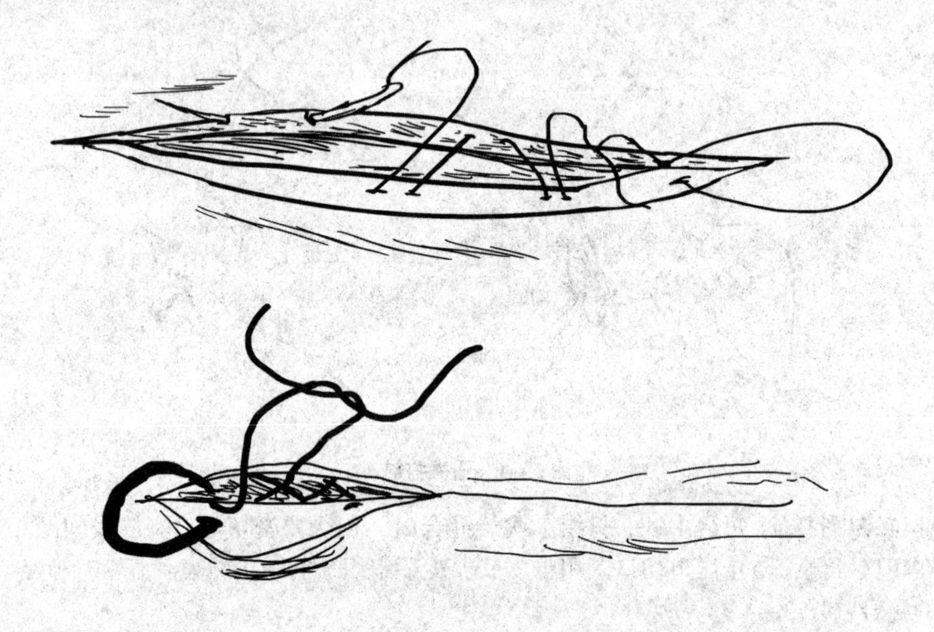

图3－7　表皮下缝合

（4）十字缝合

缝针从一侧至另一侧先做结节缝合，第2针平行于第1针再由一侧至另一侧穿过切口，然后将缝线的两端在切口上交叉成X形，拉紧打结。用于张力较大的皮肤缝合（图3－8）。

（5）连续锁边缝合

这种缝合方法与单纯连续缝合基本相似，只是在缝合时每次需将缝线绞锁。此种缝合可以使每一针缝线在进行下1次缝合前就得以固定，使创缘对合良好。多用于皮肤直线形切口及薄而活动较大的部位缝合（图3－9）。

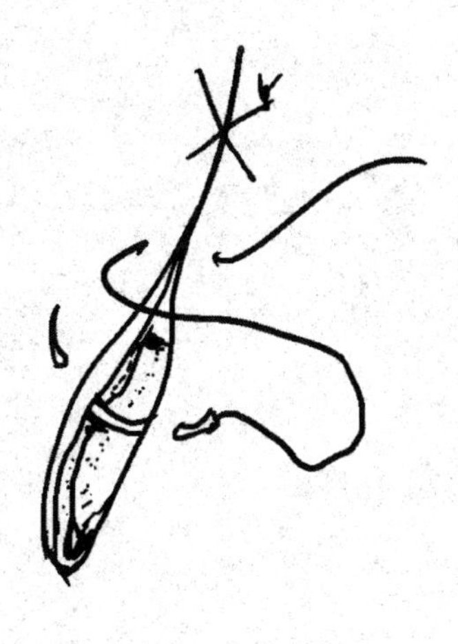

图 3－8　十字缝合

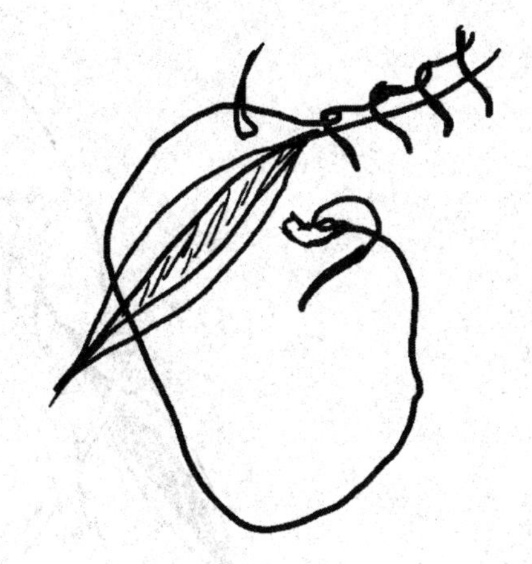

图 3－9　连续锁边缝合

（6）伦伯特式缝合

又称垂直褥式内翻缝合。分为间断和连续两种，常用于胃肠道或膀胱缝合时闭合浆膜肌肉层。

伦伯特式间断缝合：缝线分别穿过切口两侧浆膜及肌层即行打结，使部分浆膜内翻对合（图 3－10）。

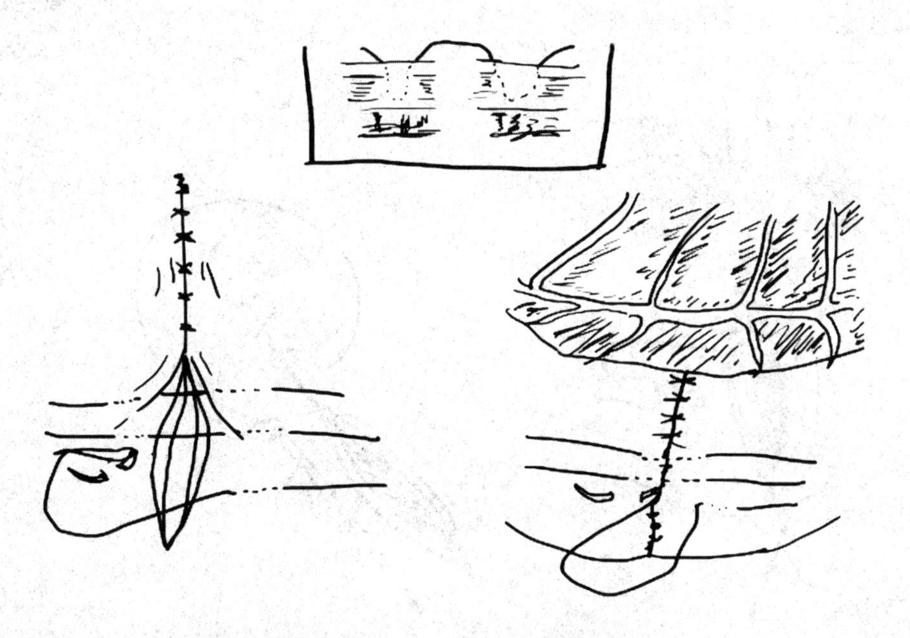

图 3－10　伦伯特式间断缝合

伦伯特式连续缝合：于切口一端开始，先做一浆膜肌层间断内翻缝合，再用同一缝线做浆膜肌层连续缝合至切口另一端（图 3－11）。

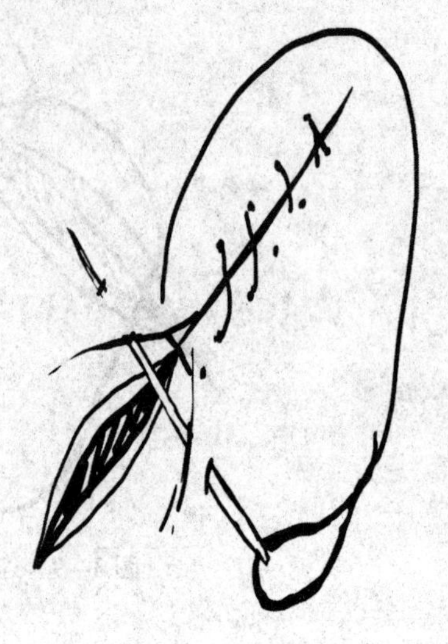

图 3-11　伦伯特式连续缝合

(7) 库兴式缝合

又称连续水平褥式内翻缝合。该缝合于切口一端开始先做一浆膜肌层间断内翻缝合，再做同一缝线平行于切口做浆膜肌层连续缝合至切口另一端。适用于胃、子宫、膀胱浆膜肌层缝合（图 3-12）。

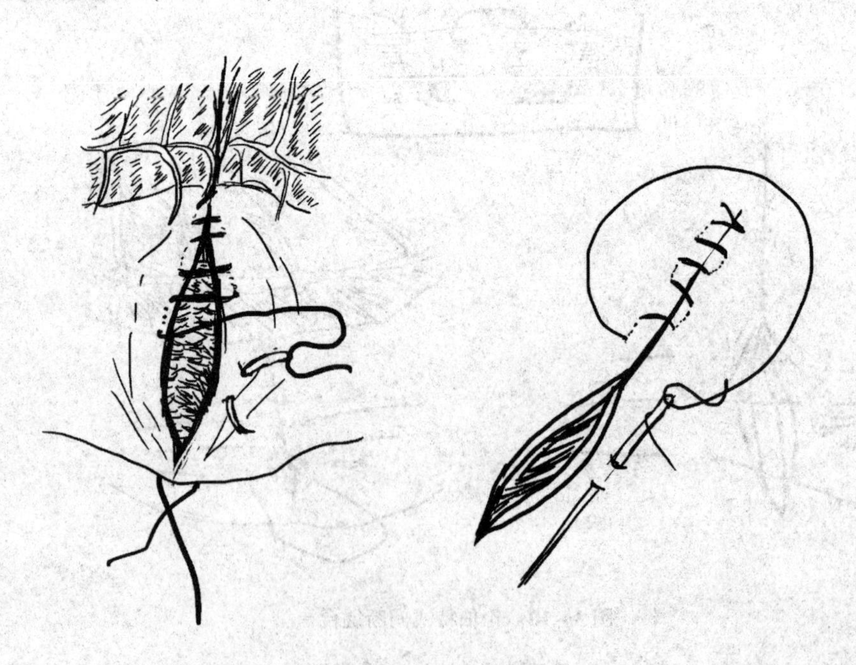

图 3-12　库兴式缝合

（8）康乃尔缝合

该缝合法与库兴式缝合基本相同，仅区别于缝合时缝针要贯穿全层组织，当缝线拉紧时，创缘切面即翻向管腔内。多用于胃、肠、子宫壁缝合（图3－13）。

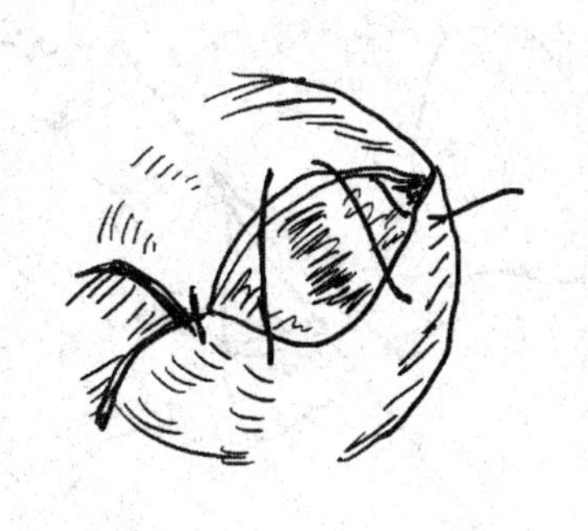

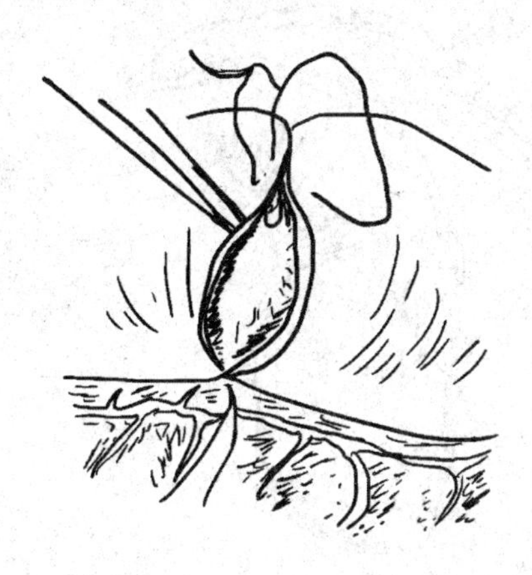

图3－13　康乃尔缝合

（9）荷包缝合

即环状的浆膜肌层连续缝合。主要用于胃肠壁或膀胱壁上小范围的内翻缝合，如胃肠穿孔或膀胱结石手术切口的浆膜肌层缝合，也用于胃肠引流时的固定缝合（图3－14）。

（10）间断垂直褥式缝合

间断垂直褥式缝合是一种张力缝合。针刺入皮肤，距离创缘约8mm，创缘相互对合，越过切口到相对侧刺出皮肤。然后缝针翻转在同侧距切口约4mm处刺入皮肤，越过切口到相对侧距切口4mm处刺出皮肤，与另一端缝线打结。该缝合要求缝针必须刺入皮肤真皮下，接近切口两侧刺入点要求接近切口，这样皮肤创缘对合良好，不易外翻（图3－15）。

（11）间断水平褥式缝合

间断水平褥式缝合是一种张力缝合。针刺入皮肤时，距离创缘2～3mm，创缘相互对合，越过切口至对侧相应部位刺出皮肤，然后使缝线与切口平行向前约8mm，再刺入皮肤，越过切口相应对侧刺出皮肤，与另一端打结。该缝合要求缝针必须刺在真皮下，不能刺入皮下组织，这样皮肤创缘才能对合良好，不出现外翻（图3－16、图3－17）。

（12）近远—远近缝合

近远—远近缝合是一种张力缝合。第一针接近创缘垂直刺入皮肤，越过创底，至对

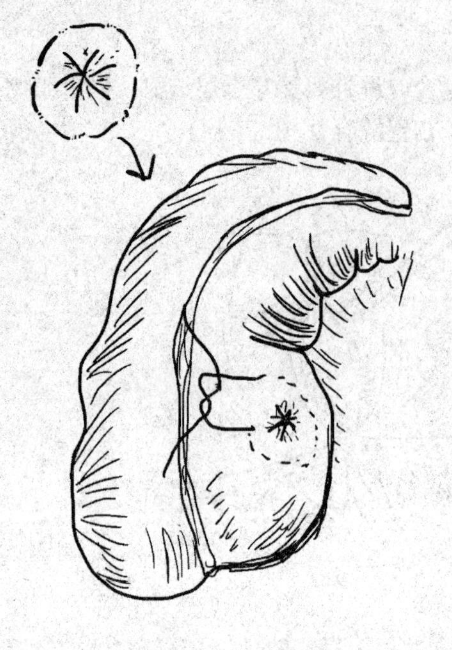

图 3－14　荷包缝合

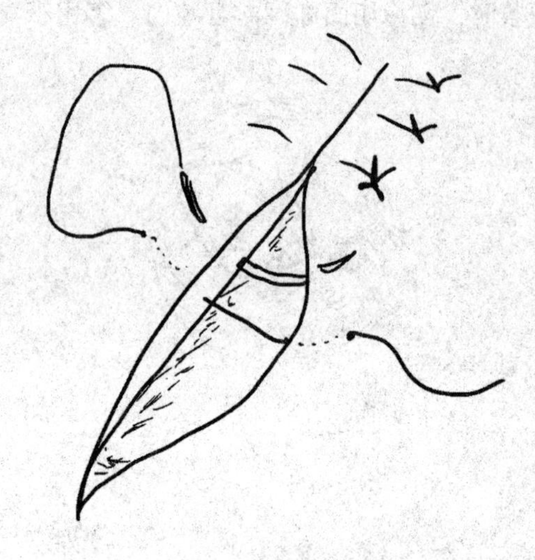

图 3－15　间断垂直褥式缝合

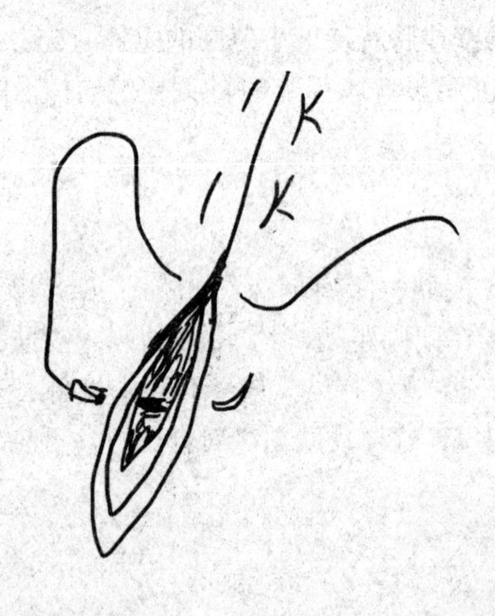

图 3－16　间断水平缝合

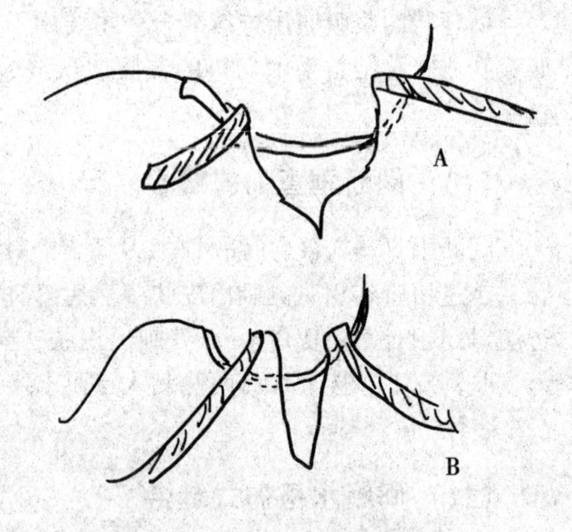

图 3－17　水平褥式缝合

A. 正确缝合位置　B. 不正确缝合位置

侧距切口较远处垂直刺出皮肤。翻转缝针，越过创口至第一针刺入侧距创缘较远处垂直刺入皮肤，越过创底，至对测距创缘近处垂直刺出皮肤，与第一针缝线末端拉紧打结(图 3－18)。

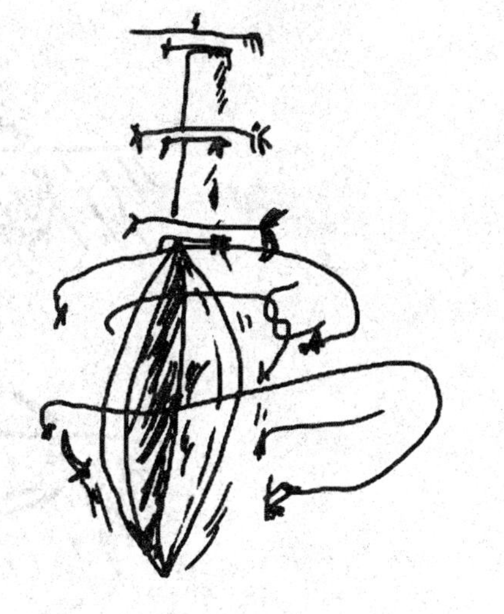
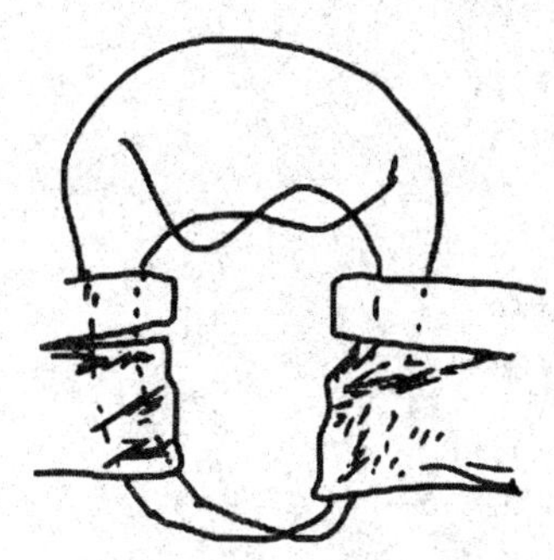

图 3－18　近远—远近缝合

4. 练习剪线和拆线

正确的剪线方法是术者打结结束后，将双线尾提起，略偏身体左侧，助手用手柄稍张开的剪刀尖沿着拉紧的缝线滑至结扣处，再将剪刀稍向上倾斜，然后剪断。倾斜的角度取决于要留线头的长短。理论上，为减少组织的反应，应在确保线结牢固的基础上尽可能将线端留短，但肠壁和聚乙醇酸线应适当留长，以避免线结滑脱（图 3－19）。

拆线是指拆除皮肤缝线。缝线拆除的时间一般为术后 7～8 天，但当出现营养不良、贫血、老龄家畜、缝合部位活动性较大，创缘呈紧张状态等情况时，应适当延长拆线时间。当创伤已化脓或创缘已被缝线撕断不起缝合作用时，可根据创伤的治疗需要随时拆除全部或部分缝线。

正确的拆线方法是：①用碘酊消毒创口、缝线及创口周围皮肤后将线结用镊子轻轻提起，剪刀插入线结下紧贴针眼将线剪断；②拉出缝线，拉线方向应朝向拆线一侧，动作应轻巧，否则可能将伤口拉开；③再次用碘酊消毒创口及周围皮肤（图 3－20）。

【注意事项】

（1）打结收紧时应确保用力均匀，左、右手的用力点与结扎点呈一直线。打第 2 结时，两手应交叉且不可提拉缝线，否则会出现假结或滑结。深部打结时用两手食指指尖抵住结旁两线，两手握住线端徐徐拉紧，否则易松脱。

（2）缝合应严格遵守无菌操作：缝合前必须彻底止血，清除血凝块、异物及坏死的组织。缝合时应同层组织的缝合、进针和出针的位置应彼此相对，针距相等，并且确保两针孔之间有一定的抗张距离。缝合后，创缘、创壁应互相均匀对合，皮肤创缘不得内翻，创伤深部不应留有死腔。

（3）对于化脓感染和具有深创囊的创伤可不缝合，或必要时做部分缝合。已缝合的创伤，若在手术后出现感染症状，应立即拆除缝线，以便于创液的排出和创伤的

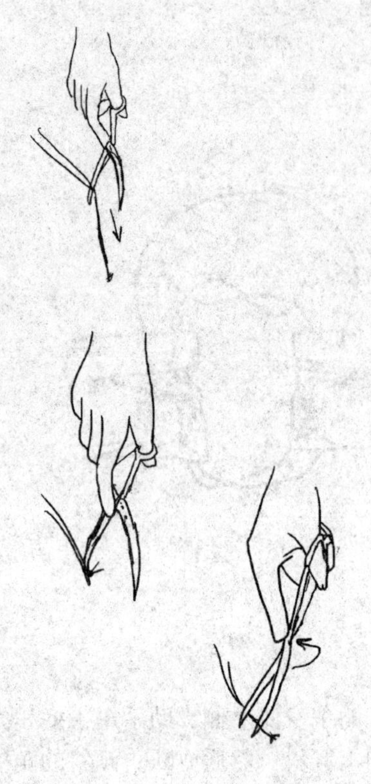

图 3-19 剪线法

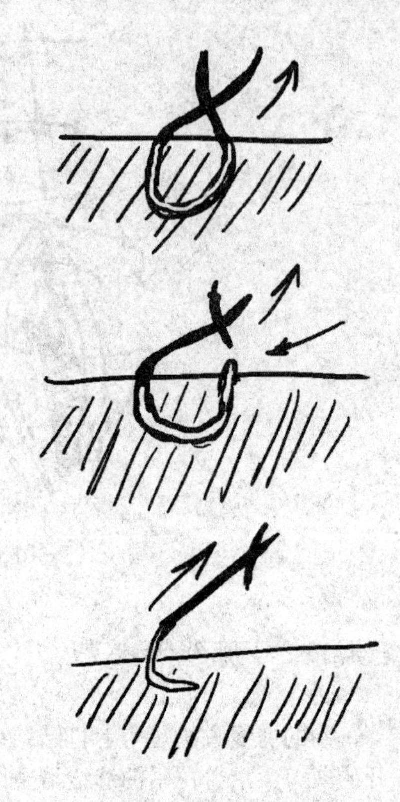

图 3-20 拆线法

愈合。

（4）要根据缝合材料的特性、具体手术的部位和情况的需要选择适宜的缝合材料和缝合方法，应确保缝合的严密性以及缝线能够达到所需要承受的张力，并尽可能地减少由缝线引起的组织反应。

（5）使用肠线之前应先在温生理盐水中浸泡片刻，待其柔软后在用，以防止因线质过硬而影响打结的效果；但浸泡的时间也不宜过长，以免肠线膨胀易断。不可用持针钳、止血钳夹持线体部，否则肠线易断。使用肠线和聚乙醇酸缝线打结均应打加强结，以防止线结松脱。另外，丝线不能用于管腔器官的黏膜层缝合，也不能用于缝合被污染或感染的创伤。

实验四　局部麻醉技术

【实验目的】

1. 掌握局部麻醉的操作技术。
2. 感性认识局部麻醉药的麻醉作用。

【实验内容】

1. 掌握常用的几种局部麻醉药及其使用剂量。
2. 掌握表面麻醉、局部浸润麻醉的操作技巧和要领。
3. 了解传导麻醉、脊髓麻醉的操作方法。

【实验对象】

实验动物（犬）。

【实验材料和器材】

注射器、绷带、盐酸普鲁卡因、盐酸利多卡因、70%酒精、脱脂棉球。

【实验方法与步骤】

1. 实验步骤

将实验动物分成3组，每组按顺序进行表面麻醉、局部浸润麻醉、传导麻醉和硬膜外腔麻醉（脊髓麻醉）。

麻醉前先对动物的呼吸、心率、体温、瞳孔反射、疼痛反射等生理指标进行观察。

麻醉后对实验动物进行观察。

2. 具体方法

（1）表面麻醉

①结膜和角膜的麻醉：使用2%的利多卡因溶液眼部用药滴入结膜囊内对结膜和角膜进行麻醉，每隔5 min用药1次，每次1～2滴，共2～3次。

②气管内插管：常使用利多卡因凝胶，涂抹在气管插管的末端，再行气管内插管，可以防止气管插管插入后引发咳嗽。

③导尿：常使用利多卡因凝胶，涂抹在导尿管的末端或者阴茎的尿道口处，可用于结石引起的尿道阻塞的导尿。

(2) 局部浸润麻醉

可用于简单切除体表肿物、清创或者创口缝合、剖腹产切开和幼犬断尾。

①肿物和创伤：手术部位剃毛、消毒。小动物使用1～1.5英寸22号针头。入针部位与皮肤呈锐角进入，先注射入皮内，以皮内隆起为宜；然后继续向下进入皮下组织。作用10min后再开始进行手术操作。注射的方法与方式有多种，如图4-1及图4-2所示。

图4-1 局部浸润麻醉的注射方法

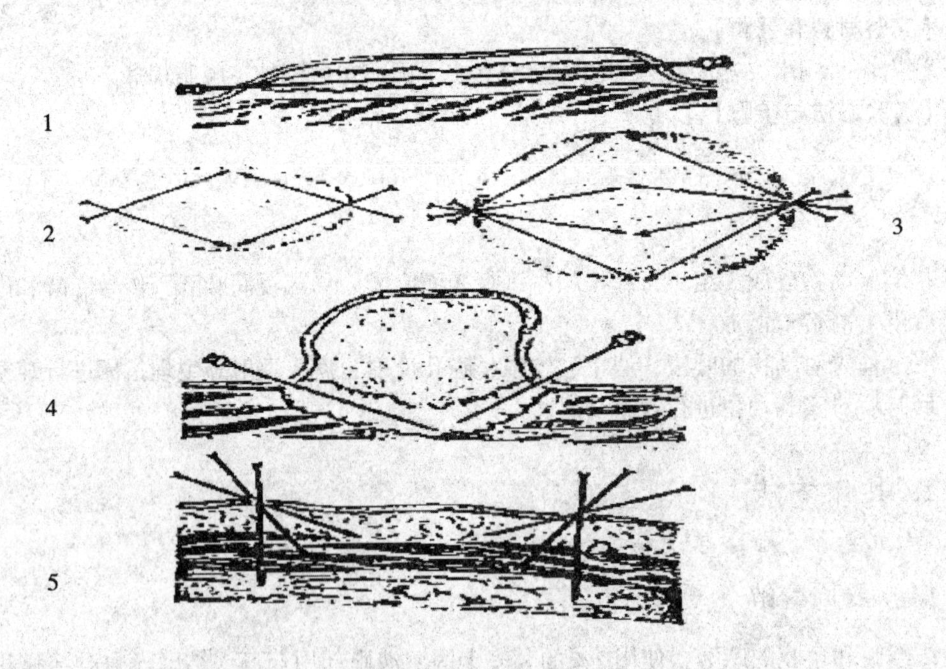

图4-2 浸润麻醉的注射方法

②剖腹产切开：适用于犬的剖腹产术，常用1英寸的22号针头，刺入角度与皮肤呈锐角。第一层刺入表皮深层，并使表皮隆起；第二层刺入皮下组织；第三层刺入肌肉，边退针边注射药物。20kg的犬需要约3ml 2%的利多卡因。

③断尾术：沿着要截断的部位附近做环状浸润麻醉。

注意：断尾部位不要注射过多的麻醉药物，以免发生中毒。避免使用血管收缩素。

（3）传导麻醉

因为保定的问题小动物很少进行传导麻醉，大动物较多，多进行腰旁神经传导麻醉。使用2%的盐酸利多卡因或2% ~5%的盐酸普鲁卡因在神经干周围注射，所用的麻醉药浓度及用量常与麻醉的神经大小成正比。大动物常用有腰旁神经、椎前神经以及四肢的神经干的传导麻醉。

①腰旁神经传导：同时传导麻醉最后肋间神经、髂下神经与髂腹股沟神经，分3个点刺入。

a. 最后肋间神经刺入点：马牛刺入部位相同。用手触摸第一腰椎横突游离端前角，垂直皮肤进针，伸达腰椎横突前角的骨面，将针尖沿前角骨缘再向前下方刺入0.5 ~ 0.7cm，注射3%的盐酸普卡因溶液10ml以麻醉最后肋间神经。注射时应左右摆动针头，使药液扩散面扩大。然后提针至皮下，再注入10ml药液，以麻醉最后肋间神经的浅支。营养良好的动物，可在最后肋骨后缘2.5cm、距脊骨中针12ml处进针。

b. 髂下腹神经刺入点：马牛刺入点相同。用手触摸第二腰椎横突游离端后角，垂直皮肤进针，深达横突骨面，将针沿横突后角骨缘再向下刺入0.5 ~ 1cm，注射药液10ml，然后将针退至皮下再注射药液10ml，以麻醉第一腰神经浅支。

c. 髂腹股沟神经刺入点：马在第3腰椎横突游离端后角进针。牛在第四腰椎横突游离端前角或后角进针，其操作方法和药液注射量相同。

②牛的椎旁神经传导：麻醉最后胸神经和第1、第2腰神经在椎管的椎间孔出口处的神经，可阻断该神经及交感神经的交通支连接处，使广泛的腹壁感觉消失，相应的内脏传导暂停。刺入点较易确定，麻醉时间可维持2h左右。

a. 最后胸神经传导麻醉刺入点：用手触摸最后裂谷后缘，距背中线5 ~ 7cm处垂直进针，在皮下注射3%的盐酸普鲁卡因3 ~ 5ml，使刺入点麻醉，以防针刺时因动物骚动而折断针头。然后将针向前刺达最后肋骨后缘的肋骨与脊椎结合处，刺入6 ~ 8cm深，针尖抵肋骨结节：将针后退0.5 ~ 1cm，再将针尖后移0.5 ~ 1cm，再将针尖深推2cm至腰椎横突间韧带，即达神经干，注射药液15 ~ 20ml。

b. 第1腰神经传导麻醉刺入点：触摸第一腰椎横突后缘，距背中线5cm处为刺入点。垂直进针5 ~ 7cm，当针抵横突基部骨后缘，略向后移再推进针0.5cm，注射药液15 ~ 20ml。

c. 第2腰神经传导麻醉刺入点：触摸第一腰椎横突后缘，操作方法同第一腰椎神经。

（4）硬膜外麻醉

适应症为犬猫的后肢手术、难产救助以及尾部、会阴、阴道、直肠与膀胱的手术。猫犬的硬膜外腔麻醉，以腰、荐椎间隙最为常用。注射部位在L7 – S1（第7腰椎至第1荐椎），S3 – Cy1（第3荐椎至第1尾椎），Cy1 – 2（第1/2尾椎间）。一般在进行硬膜外腔注射后的2 ~ 10min开始出现镇痛效果，尾部和肛门松弛，后肢站立不稳，可用针刺局部麻醉部位的皮肤以检查镇痛的效果。同时使用1∶10 000的肾上腺素能引起血管收缩，延缓药物的代谢，从而延长麻醉时间。但在犬不常用。硬膜外麻醉注射部位如图4-3所示，麻醉的剂量如表4-1所示。

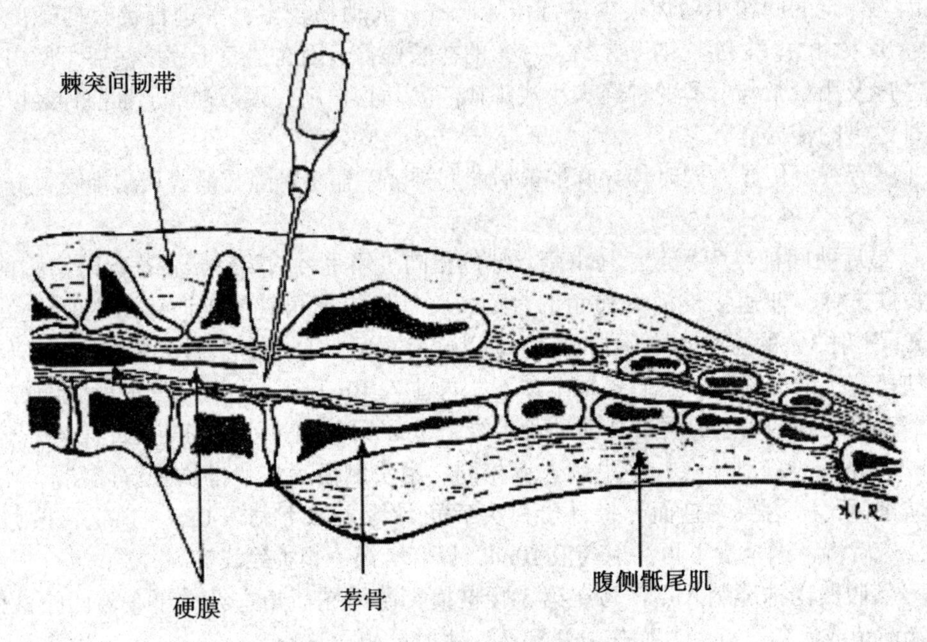

图4-3 硬膜外麻醉注射部位

表4-1 硬膜外腔麻醉的剂量

麻醉药物	浓度（%）	肾上腺素	犬	猫	维持时间（min）	犬用针头型号
普鲁卡因	1	无	0.4ml/kg	0.4ml/kg	15~20	幼犬：3/4英寸 24号
	2	无	0.4ml/kg	0.4ml/kg.	20~25	
	2.5	1∶10 000	0.4ml/kg	0.4ml/kg	25~35	中型犬：1.5英寸 20号
			体重超过10kg 应该减量			大型犬：3英寸 20号
利多卡因	2	1∶10 000	2~10ml	2ml		

①注射部位：注射点位于两侧髂骨翼内角横线与脊柱正中轴线的交点，在该处最后腰椎棘突顶和紧靠其后的相当于腰荐孔的凹陷部。

②保定和注射方法：一种保定方法为助手用一侧手臂夹住2犬的头部，再用双手握住犬膝关节处；另一种是助手保定住犬前3/4的躯体，让犬的后1/4在诊台的边缘有一定的弧度站立。术者左手大拇指和中指压住尾部，食指触诊并标记注射部位。呈锐角进针，以注射部位皮肤出现突起为宜。针头穿透椎间韧带时会有阻力突然消失的感觉，此

时再向下刺入直至到达椎管，继续向下刺入 1/8 英寸。回抽注射器如果无血液出现，则可以注射。注射麻醉药时，应该感觉无任何阻力，如果有应重新扎入注射。

【注意事项】

（1）硬膜外腔麻醉前，如果动物不配合应先让动物镇静或者全身麻醉，然后再让动物俯卧，后肢前拉，术部剃毛消毒，注射麻醉药。

（2）麻醉药用量与中毒的关系：普鲁卡因在犬最小致死量为 100mg/kg，静脉给药 5s 即可致死；利多卡因在小鼠经皮下、腹膜内和静脉给药的最小致死量分别为 47mg/kg、170mg/kg 和 360mg/kg。

（3）浸润麻醉针注入皮下，或者进行硬膜外腔麻醉时，如果注射器内出现血液，表明针刺位置不适宜，应该重新选择针刺部位。

【实验结果】

麻醉监测表见表 4－2。

表 4－2　麻醉的监测指标

		麻醉前	麻醉后											
			5min	10min	15min	20min	25min	30min	35min	40min	45min	50min	55min	60min
循环系统	心率													
	心脏节律													
	心音强度													
	脉搏													
	体温													
	毛细血管再充盈时间													
	舌色													
	舌状态													
呼吸系统	呼吸频率													
	呼吸方式													
	呼吸强度													
其他	眼球位置													
	眼睑反射													
	角膜反射													
	肛门反射													
	疼痛反射													
	肌张力													
	其他表现													

实验五　肌内注射麻醉实验

【实验目的】

1. 掌握麻醉各种时期的机体特征。

2. 了解不同麻醉药对机体的不同麻醉效果，并理解药物不同，分期体征也不同的意义。

3. 加深对麻醉概念的理解。

【实验内容】

1. 掌握麻醉药846合剂、舒泰药性和临床使用。

2. 掌握麻醉前给药的重要性。

3. 掌握麻醉监护的要领。

【实验材料与器械】

846合剂、舒泰、阿托品、听诊器、体温计、注射器、酒精棉球、绷带（根据实际情况可选用其他的药物进行实验）。

【实验对象】

实验动物（犬）。

【实验方法、步骤和操作要领】

1. 实验方法

将实验动物分为3组，A组单纯846合剂、B组阿托品+846合剂、C组阿托品+舒泰。除A组外，先注射阿托品0.02~0.05mg/kg，15min后再注射846合剂或舒泰。然后每隔5mi监测一次各项指标。A组、B组在麻醉2h后进行苏醒宁注射。观察所有实验组动物苏醒的时间和动物的体征。

2. 实验步骤

（1）称重。

（2）麻醉前检测动物的生理指标。

（3）麻醉前给药：A组、B组给予阿托品，0.02~0.05mg/kg，15min后注射麻醉药。

（4）注射麻醉药：A组846合剂，B组注射舒泰，C组直接注射846合剂。

（5）监测实验动物的各项生理指标，每隔5min 1次。

（6）A组、B组在麻醉2h后进行苏醒宁注射。C组等待动物苏醒。观察所有实验动物苏醒的时间和动物的体征。

（7）将实验前后的数据进行对比、总结。

（8）书写实验报告与体会。

3. 操作要领

（1）麻醉监护的内容

① 手术动物的监护：麻醉监护的目的在于及早发觉机体生理平衡异常，以便能及时治疗。麻醉监护可借助人的感官和特定监护仪器观察、监察和记录器官的功能改变。监护的重点在诱导麻醉和手术准备期间。

②诱导麻醉期的监护：此时期监护应监察脉搏、黏膜颜色、毛细血管再充盈时间以及呼吸深度与频率。此外，还应该观察动物是否发生呕吐。

③手术期间的监护。

a. 麻醉深度——取决于手术引起的疼痛刺激程度。监测眼睑反射、眼球位置和咬肌紧张度、呼吸频率及血压的变化。

b. 呼吸——几乎所有的麻醉药均抑制呼吸，监护呼吸具有特殊意义。主要监测呼吸的通畅度、呼吸频率、呼吸的幅度和黏膜的颜色等指标，有条件的还可以对潮气量、动脉血气分析、二氧化碳分压和血氧饱和度等进行监测。

c. 循环系统——综合脉搏、心率、节律和毛细血管充盈时间、血压等指标综合评价心脏功能。

d. 全身状态——注意神志变化，痛感反应以及其他的反射。

e. 体温变化——动物麻醉时体温一般会下降1～2℃或3～4℃，体温监测以直肠内侧量为好。

f. 体位变化——体位变化有可能会影响呼吸。

（2）846合剂临床应用

可用于手术麻醉，在犬、猫广泛应用，也可用于马、牛、羊、熊、兔、猴和鼠等。使用剂量犬0.1～0.15ml/kg，猫、兔0.1～0.12ml/kg，马0.01～0.015ml/kg，牛0.005～0.015ml/kg，羊、猴0.1～0.15ml/kg。对心血管和呼吸系统有一定的抑制作用，特效解酒药为苏醒宁，以1：（0.5～10）（容量比）静脉或肌内注射给药。

（3）舒泰的临床应用

根据动物的全身状态和需要选择麻醉剂量。犬使用舒泰的剂量如表5－1所示。

对机体的影响：

①体温易降低。

②抑制心血管功能，使心率、血压升高。

③使用舒泰后30~120min内动物苏醒，苏醒后肌肉协调性恢复快。

④可用于癫疯、糖尿病和心脏功能不佳的动物的麻醉。

表5-1　犬用舒泰的使用剂量　　单位：mg/kg

临床要求	肌内注射	静脉注射	追加剂量
镇静	7~10	2~5	
小手术（小于30min）	4	7	
大手术（大于30min）	7	10	
大手术（健康犬）	5（麻醉前给药）	5	
大手术（老龄犬）		2.5（麻醉前给药），5	5
器官插管（诱导麻醉）		2	2.5

（4）麻醉前给药

可明显减少呼吸道和唾液腺的分泌，使呼吸保持通畅；降低胃肠蠕动，防治麻醉时呕吐；阻断迷走神经反射，预防反射性心率减慢或骤停。常用麻醉前给药：阿托品，0.02~0.05mg/kg，皮下注射；格隆溴铵，1mg/kg，皮下注射。

【注意事项】

（1）麻醉监护是治疗的基础，因而麻醉监护需要按系统进行，其结果才可靠。

（2）在实验过程中，分工合作要明确合理，有条不紊。

（3）皮下注射的部位通常在颈部或背部皮肤。

（4）肌内注射的部位，在股四头肌或腰椎两侧的腰背肌或前肢的臂三头肌，避免注射股背侧肌群，以防止损伤坐骨神经。肌内注射比较疼，注意保定。

（5）动物的正常生理标准，如表5-2所示。

表5-2　犬猫的正常生理指标

指标参数	犬	猫
心率（次/min）	50~100	145~100
呼吸频率（次/min）	10~20	15~25
体温（℃）	37.5~39.2	37.8~39.2
动物血氧饱和度	>95%	>95%
动脉压力		
收缩压	120~140mmHg（15.8~18.4kPa）	120~140mmHg（15.8~18.4kPa）
舒张压	80~100mmHg（10.5~1.3kPa）	80~100mmHg（10.5~1.3kPa）
平均动脉压	100~110mmHg（1.3~14.5kPa）	100~110mmHg（1.3~14.5kPa）
二氧化碳分压	18~49mmHg（3.7~6.4kPa）	35~49mmHg（4.6~6.4kPa）
氧分压	>100mmHg（1.3kPa）	>100mmHg（1.3kPa）

【麻醉结果和体会】

麻醉监测表见附表，将实验结果制成曲线图并说明。

实验六　吸入麻醉实验

【实验目的】

1. 了解并掌握吸入麻醉技术的操作方法。

2. 学会根据各种临床体征监控麻醉深度。

【实脸内容】

1. 吸入麻醉机的组成。

2. 吸入麻醉的主要步骤。

3. 气管插管的操作技术和技术要领。

【实验材料与器械】

易氟醚、阿托品、舒泰、气管插管、10ml 注射器 2 个、绷带卷、止血绷带、吸入式麻醉机、氧源。

【实验对象】

实验动物（犬）。

【实验方法、步骤和操作要领】

1. 实验方法

动物麻醉前给药，15min 后进行诱导麻醉，麻醉确实之后进行气管插管，成功后立即接上吸入麻醉机。麻醉 30min，记录观察动物麻醉中的状态。

2. 实验步骤

（1）麻醉前给药。

（2）吸入麻醉的主要步骤。

（3）检查机器。

①打开氧源，调节减压阀使压力在 0.2～0.4MPa；检查快速供氧通路是否漏气。

②打开电源，检查呼吸机是否正常工作，如无异常，根据动物和手术需要调节好潮气量和呼吸频率以及呼吸比。

③检查碱石灰是否已经无效，添加适量的吸入麻醉药。

④检查呼吸回路中的气囊是否正常工作；打开快速供氧的开关，检查气囊是否能够充盈，挤压气囊回路的吸气瓣是否打开。

（4）诱导麻醉：丙泊酚 3～5mg/kg。

（5）气管插管：待动物会厌反射消失，使实验动物俯卧。用绷带将动物的口腔张开，向外牵拉舌头，暴露会厌软骨。可用压舌板或者咽喉镜向下压住会厌软骨，当能看见气管入口处时，立即插入气管插管，并将气囊充气固定气管插管，接上氧源和麻醉药混合气体（图 6－1）。

（6）在动物口腔中塞入大小合适的绷带卷，并用绷带将其固定在口腔中，以防止犬苏醒时咬破气管插管。

（7）给予麻醉药和氧气混合气体。

（8）麻醉监侧：每 5 min 监侧 1 次，根据麻醉深度调节麻醉药浓度并演示呼吸机的使用。

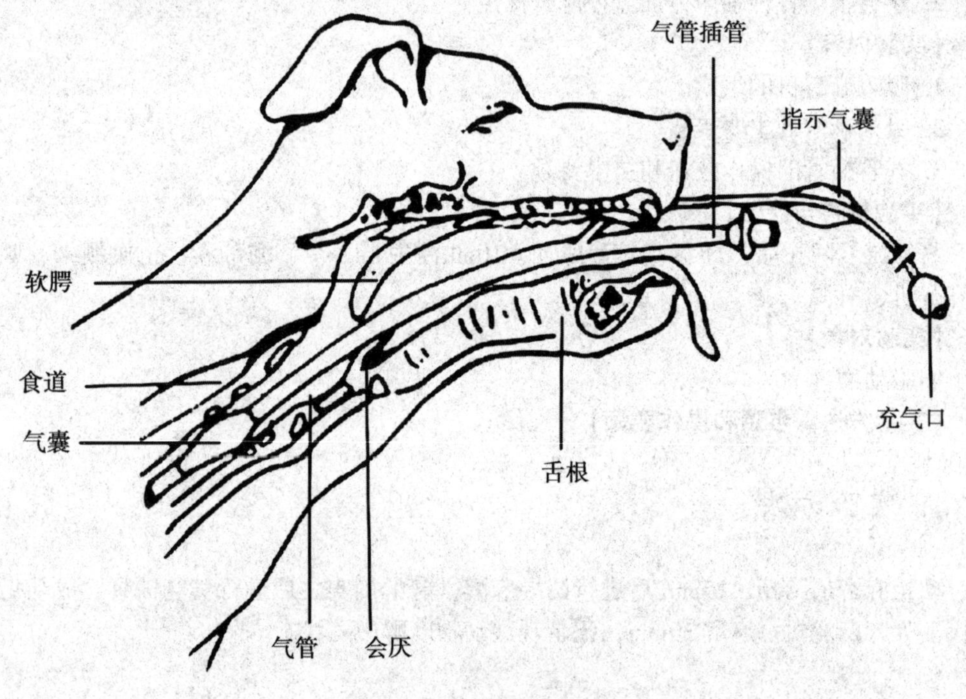

图 6－1　气管插管示意图

（9）30min 后，停止吸入异氟醚，给予纯氧。

（10）根据动物的会厌反射的恢复情况，适时拔除气管插管。

（11）观察记录动物苏醒过程及其表现。

3. 操作要领

（1）吸入麻醉机的组成：氧源（氧气瓶、氧气总阀门和减压阀）、蒸发罐、氧气流压计、氧气压力表、气道压力表、呼吸回路、呼吸机二氧化碳吸收装置。循环紧闭式的呼吸回路如图 6－2 所示。

（2）了解吸入麻醉药的性质。

安氟醚——不刺激呼吸道，气管腺和唾液腺的分泌物明显增加。对心肺功能形响比异氟醚大，高浓度吸入可抑制呼吸，使呼吸频率和潮气量均有所减少。

异氟醚——无色稍有刺激性的挥发气体，吸入时不会引起强烈反抗。对呼吸系统有一定的抑制作用，可以影响动物的通气量。对肝肾影响较小，肌松好，诱导平稳而快，苏醒也快，术后复原好，很少有不良副作用。

（3）氧流量的控制，如表 6－1 所示。

表 6－1　氧流量的控制

吸入麻醉系统	动物体重（kg）	氧流量（mL/min）
循环紧闭式		10～15
低流速循环紧闭式	7～8	4～500
半紧闭式	18～45	750

诱导麻醉后吸入麻醉的初始浓度一般在 4%～5%，氧气的浓度通过分钟通气量给予评价（分钟通气量＝呼吸频率×潮气量），然后根据动物的麻醉深度调节麻醉药浓度和氧气流量。

（4）对气管插管的检查：首先检查大小是否合适，其次检查气囊是否漏气，如果是再次循环利用还要检查是否已经清洁消毒。

（5）动物拔除气管插管的体征：动物恢复会厌反射即可拔除气体插管。动物可能会出现呛咳、吞咽，及舌头恢复张力等情况。拔除气管前，必须先抽出气囊内的气体。

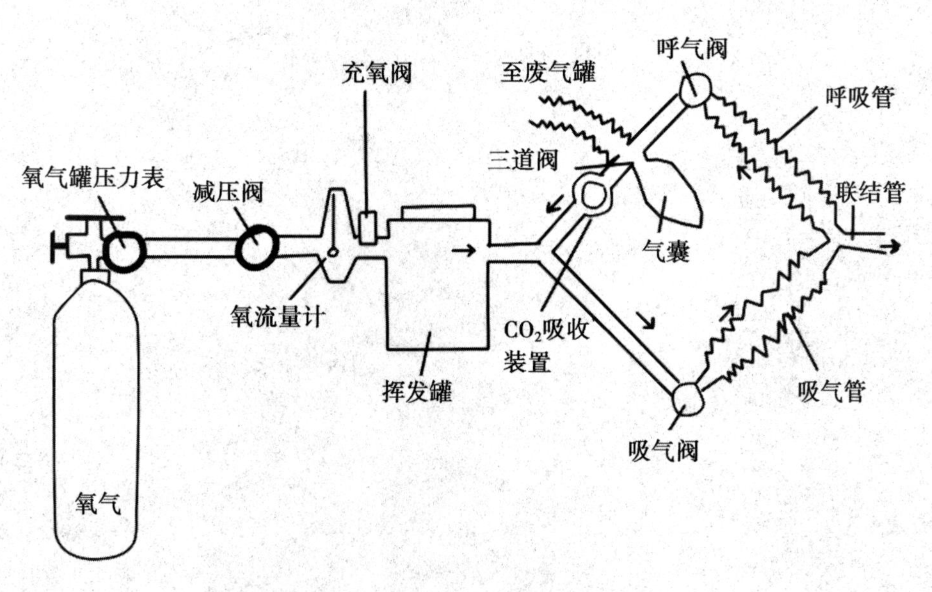

图 6－2　呼吸回路

【注意事项】

①气管插管的注意事项：选择合适的气管插管；在动物镇静，咽喉反射基本消失的条件下进行气管插管。插管位置不宜过深，一般在胸腔入口处；气囊不能过度充盈，防止对气管造成损伤，

②如何判断气管插管是否正确插入气管？大部分动物在插入气管插管时会有呛咳；按压胸腔耳听气管插管端口是否有呼吸音，可直接在颈部触摸气管，然后稍微活动气管插管，感觉插管是否在气管内；也可以将毛发放在气管插管的端口观察其是否与呼吸动作相应。如确定插入气管内，将气管插管的指示囊充气固定。

③如何判断二氧化碳吸收剂是否有效？通常根据吸收剂的颜色来判断。如采用碱石灰，若有 1/3 ~1/2 的碱石灰颜色由淡粉变成白色，则此时应该更换吸收剂。

④更换吸收剂时，不要将吸收罐全部填满，以避免增加吸收不良的死腔；要保待吸收剂平整。

【实验结果和体会】

对比注射麻醉与吸入麻醉在操作和麻醉效果上的不同之处。

实验七 眼部手术

1. 眼睑内翻矫正术

【实验目的】

1. 复习眼睑内翻的相关知识。

2. 练习眼睑内翻矫正术的手术方法。

【实验内容】

学习眼睑内翻矫正术的手术方法。

【实验材料与器械】

常规注射麻醉药（846合剂、舒泰）、常规手术器械、氯霉素眼药水、红霉素眼药膏、酒精、碘伏等。

【实验对象】

临床健康实验犬。

【实验步骤】

①实验犬进行肌内注射全身麻醉，进入麻醉状态后，对眼部进行术前准备。

使用红霉素眼药膏保护角膜后，眼睑及周围皮肤剃毛，轻轻刷去毛发，避免损伤眼睑组织。用氯霉素眼药水冲洗结膜囊。用浸润过碘伏的棉花棒或软的手术海绵对术部皮肤进行消毒。不要使用肥皂、清洁剂或酒精，以免损伤角膜。

②眼睑内翻的矫正方法有很多种，如眼睑折叠术、霍茨—塞耳萨斯（Hotz-Celsus）氏手术、改良箭头式霍茨—塞耳萨斯氏手术等。以Hotz-Celsus手术矫正下眼睑内翻为例进行操作练习。术式如下：

用组织镊夹起眼睑内翻部位的皮肤，估计需要切除的椭圆形皮肤的大小。把Jeager眼睑垫板（可用镊子柄代替）放入下眼睑的结膜穹隆内，以固定眼睑，轻推使眼睑展开。在距离睑缘3 mm处，沿内翻眼睑切开。在距离第1道切口足够远处，做第2道新月形的皮肤切口，以矫正眼睑内翻。切除两道切口之间的条状皮肤，不要切除眼轮匝肌或睑结膜。用4－0或5－0的可吸收缝线结节缝合皮肤，闭合创口。缝合首先从中间开始，以使皮肤更精确地对合。当进行第2道缝合时，分离剩余缺陷，使缝合的最终间距为2～3mm（图7－1）。剪短朝向角膜的缝线末端，以免刺激角膜。创口及患眼涂布红霉素眼药膏。

③术后护理：给予镇痛药，眼部局部应用抗生素治疗。佩戴伊丽莎白圈，防止动物

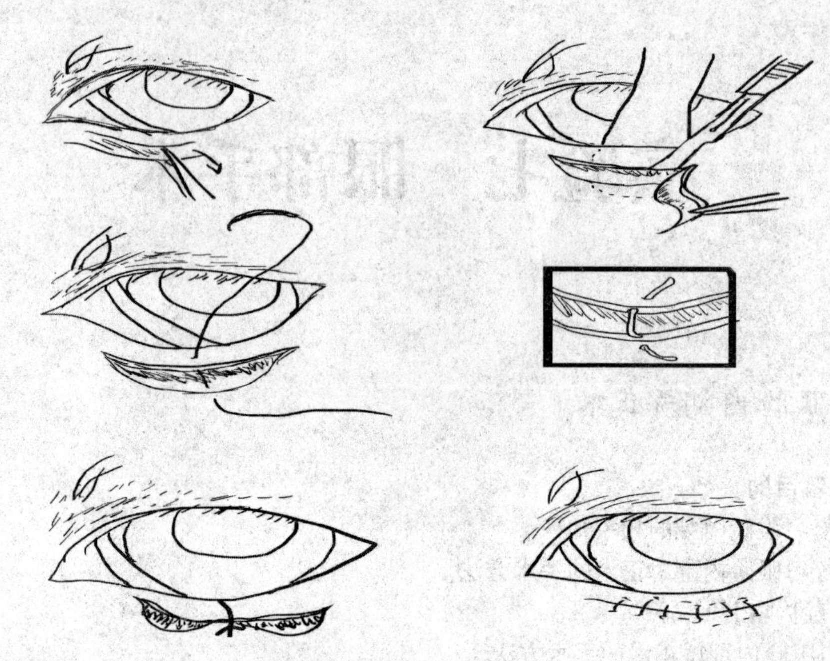

图7－1　霍茨—塞耳萨斯（Hotz－Celsus）氏手术

磨蹭、抓挠术部。术后眼睑肿胀逐渐减小到最小，48h内消失。由于炎症和水肿，手术后会出现眼睑暂时性外翻，因此在肿胀消退（5～7h）后才能评价矫正是否充足。如果矫正不足，需重复操作。术后10～12d拆线。

2. 眼睑外翻矫正术

【实验目的】

（1）复习关于眼睑外翻的知识。

（2）练习眼睑外翻挢正术的手术方法。

【实验内容】

学习眼睑外翻矫正术的手术方法。

【实验材料与器械】

常规注射麻醉药（846合剂、舒泰）、常规手术器械、氯霉素眼药水、红霉素眼药膏、酒精、碘伏等。

【实验对象】

临床健康实验犬。

【实验步骤】

①实验犬进行肌内注射全身麻醉，进入麻醉状态后，对眼部进行术前准备，使用红霉素眼药膏保护角膜后，眼睑及周围皮肤剃毛，轻轻刷去毛发，避免损伤眼睑组织。用氯霉素眼药水冲洗结膜囊。用浸润过碘伏的棉花棒或软的手术海绵，对术部皮肤进行消毒。不要使用肥皂、清洁剂或酒精，以免损伤角膜。

②眼睑外翻的矫正方法有很多种，如眼睑环锯术、眼睑楔形切除术、结膜切除术、V－Y 矫正术、改良式库－希手术法、外侧睑成形术等。以矫正下眼睑外翻为例进行操作练习，术式如图 7－2 所示：

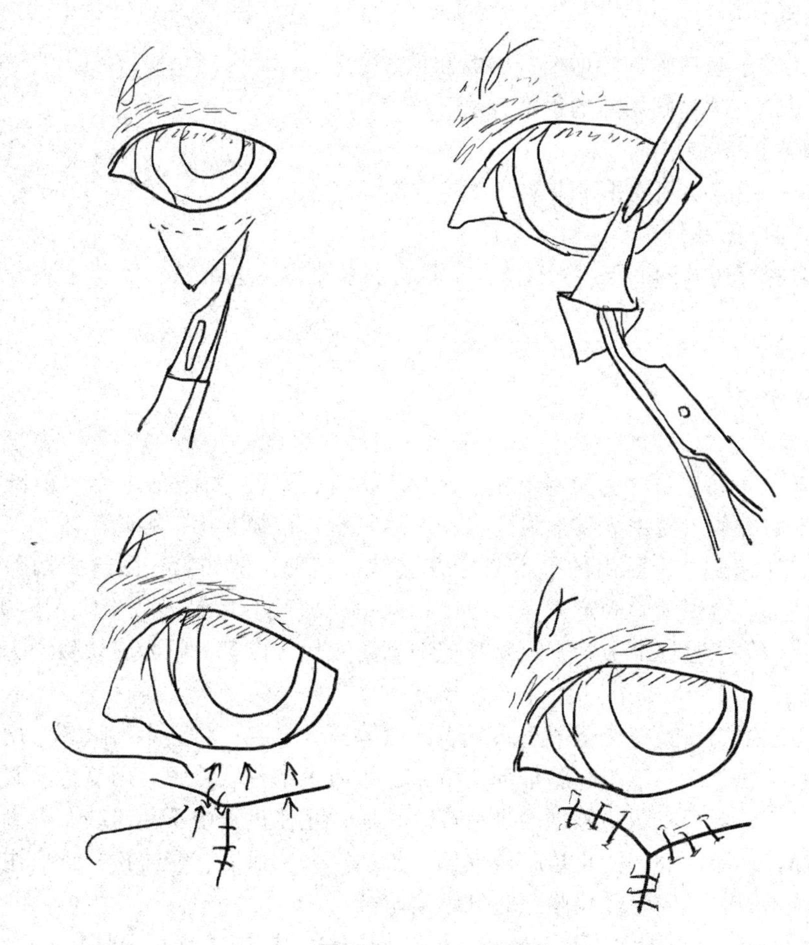

图 7－2　V－Y 矫正术

由睑缘下方向远侧做 V 形切口，宽度稍微超过睑外翻的部位。剥离接近眼睑基部的皮瓣，并切除所有的瘢痕组织。在 V 形切口的最末端开始缝合（4－0 到 6－0 可吸收缝线），从正中到侧面缝合，形成 Y 形的茎部。Y 形茎部的长度取决于需要提起的睑缘的量，使眼睑到达正确部位，当眼睑到达预期的部位时，缝合 Y 两臂的皮肤创口。

③术后护理需给予镇痛药，眼部局部应用抗生素治疗。佩戴伊丽莎白圈，防止动撕磨蹭、抓挠术部。术后眼睑肿胀逐渐减小到最小，48h 内消失。由于炎症和水肿，手术后会出现眼睑暂时性外翻，因此在肿胀消退（5～7h）后才能评价矫正是否充足。如果矫正不足，需重复操作。术后 10～12d 拆线。

3. 第三眼睑腺脱出切除术

【实验目的】

(1) 复兴关于第三眼睑腺增生脱出的知识。

(2) 练习第三眼睑腺切除的手术方法。

【实验内容】

学习第三眼睑腺切除的手术方法。

【实验材料与器械】

常规注射麻醉药（846 合剂、舒泰）、常规手术器械、电烙铁、氯霉素眼药水、红霉素眼药膏等。

【实验对象】

临床健康实验犬。

【实验步骤】

(1) 实验犬进行肌内注射全身麻醉，进入麻醉状态后，对眼部进行术前准备，对眼部进行手术前准备。使用氯霉素眼药水冲洗结膜囊、角膜、第三眼睑等。

(2) 第三眼睑腺增生脱出的手术治疗方法有很多种，例如第三眼睑腺切除术、第三眼睑腺包埋术、第三眼睑固定术等。由于切除第三眼睑腺后易导致患眼发生干眼病，故第三眼睑腺切除术已逐渐被第三眼睑腺包埋术所取代。以第三眼睑腺切除术为例进行操作练习，术式如下：

用创巾钳或组织钳夹持位于第三眼球表面的第三眼睑腺，将其牵出睑裂。用止血钳紧贴第三眼睑球面钳夹第三眼睑腺根部，沿止血钳剪去第三眼睑腺。用氯霉素眼药水浸湿纱布遮盖角膜，对第三眼睑腺创面进行烧烙止血，止血过程中不断向纱布上滴注氯霉素眼药水以保持纱布湿润，防止角膜被烫伤。创面充分止血后，慢慢松开止血钳。氯霉素眼药水冲洗术眼，结膜囊及角膜涂布红霉素眼药膏。

(3) 术后护理：佩戴伊丽莎白圈，防止动物磨蹭、抓挠术部。眼部用抗生素眼药水或眼药膏。第三眼睑腺切除术后复发较少见。

4. 眼角膜缝合术

【实验目的】

(1) 复习关于眼角膜缝合的知识。

(2) 练习角膜缝合的手术方法。

【实验内容】

学习角膜缝合的手术方法。

【实验材料与器械】

常规注射麻醉药（846 合剂、舒泰）常规手术器械、眼睑开张器、眼科持针器、眼科镊、6－0 以下的可吸收无损伤缝线、氯霉素眼药水，生理盐水等。

【实验对象】

临床健康实验犬。

【实验步骤】

（1）实验犬进行肌内注射全身麻醉，进入麻醉状态后，用氯霉素眼药水冲洗待手术眼的角膜及结膜囊进行消毒。放置眼睑开张器使上下眼睑开张，显露眼球。

（2）在角膜正中用刀片做一约1cm的直线切口切开角膜全层。

（3）用等渗盐溶液冲洗角膜防止干燥，用6－0到9－0的PGA或Vicryl可吸收无损伤缝线结节或简单连续缝合对合角膜。缝合间距1mm，缝线穿过角膜全层的75%～90%，缝合的进针和出针垂直角膜表面，距离创缘1～2mm。如果前房萎陷，当缝合到最后一针时，向前房注射等渗盐溶液，以改良前房。如果前房再次萎陷，观察缝合部位是否漏水，如有需要，进行另外补救缝合以达到不漏水的目的。角膜缝合必须精确实现前房的不透气和不透水密封，不对称的或浅的缝合会导致创口缺口和泄漏。如果需要附加支持，可实施暂时性眼睑闭合术。

（4）术后护理：如有必要，给予全身性、结膜下和局部抗生素。佩戴伊丽莎白圈，防止动物磨蹭、抓挠术部，并限制运动10～14d。14d后拆除眼睑闭合术的缝线，21d后拆除角膜缝线。

5. 结膜瓣遮盖术

【实验目的】

（1）复习关于结膜瓣遮盖的知识。

（2）练习结膜瓣遮盖的手术方法。

【实验内容】

学习结膜瓣遮盖的手术方法。

【实验材料与器械】

常注射麻醉药（846合剂、舒泰）、常规手术器械、眼睑开张器、眼科持针器、眼科镊、眼科剪、6－0以下的可吸收无损伤缝线、氯霉素眼药水、生理盐水等。

【实验对象】

临床健康实验犬。

【实验步骤】

（1）实验犬进行肌内注射全身麻醉，进入麻醉状态后，用氯霉素眼药水冲洗待手术眼的角膜及结膜囊进行消毒。放置眼睑开张器使上下眼睑开张，显露眼球。

（2）用于遮盖术的结膜瓣有多形式，例如岛状结膜瓣、带蒂结膜瓣、桥状结膜瓣、半球状结膜瓣、360°全结膜瓣等。最常用的为带蒂结膜瓣，以其为例进行练习。术式如下：

设计结膜瓣宽度以及长度，使其边缘稍微超过损伤部位几毫米，必须能覆盖过损伤。用眼科剪在距离角膜缘大约2mm处夹持结膜，做以薄的、滑动的结膜瓣。夹持球结膜，在接近角膜处做一切口，提起切口缘，用眼科剪朝向结膜穹隆进行分离，做一薄结膜瓣。结膜瓣清创后，将其覆盖在角膜缺陷处，用6－0到9－0无损伤可吸收缝线结节缝合结膜瓣与角膜。缝合时需小心操作，角膜的缝合深度不能超过其厚度的1/2。在角膜缘处的结膜蒂两边牢固的缝合两针，以防止结膜瓣张力过大而撕裂。简单连续缝合球结膜缺损部位（图7－3）。

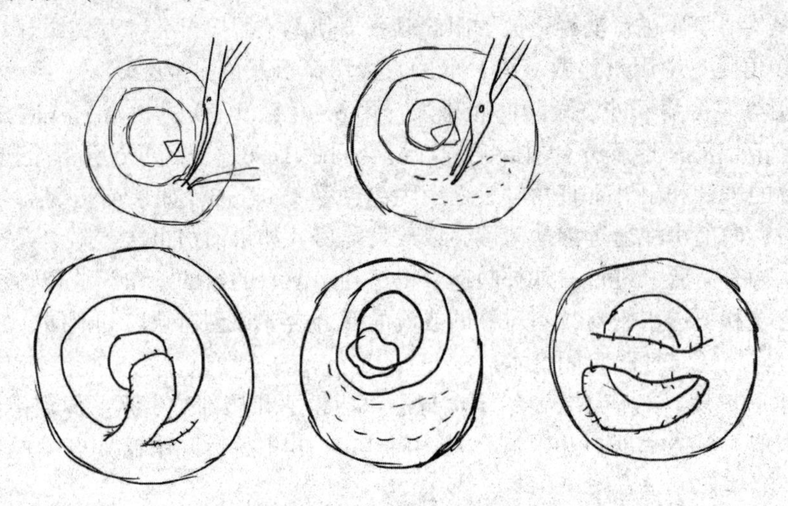

图7－3　结膜瓣遮盖术

（3）术后护理；眼部使用抗生素。佩戴伊丽莎白圈。防止动撕磨蹭，抓挠术部。术后3～4周角膜损伤愈合后拆线，剪断去除结膜蒂，修剪结膜瓣。

6. 眼球摘除术

【实验目的】

（1）复习关于眼球摘除术的知识。

（2）练习眼球摘除术的手术方法。

【实验内容】

学习眼球摘除术的手术方法。

【实验材料与器械】

常规注射麻醉药（846合剂、舒泰）、常规手术器械、眼睑开张器、氯霉素眼药水、红霉素眼药膏等。

【实验对象】

临床健康实验犬。

【实验步骤】

（1）实验犬进行肌内注射全身麻醉，进入麻醉状态后，用氯霉素眼药水冲洗待手术眼的角膜及结膜囊进行消毒。放置眼睑开张器使上下眼睑开张，显露眼球。

（2）摘除眼球的手术方法有眼球摘除术和眼球剜除术。摘除术是摘除眼球和第三眼睑；剜除术是摘除眼球、第三眼睑、眶内容物和眼睑。以眼球摘除术为例进行练习，术式如下：

如有必要可先切开眼外眦以充分显露眼球。用组织镊夹持睑缘附近的球结膜，并且沿角膜缘做360°球结膜切口。用剪刀将球结膜从巩膜上分离，显露眼球肌肉。逐条分离切断7条眼球肌肉，使眼球完全游离，但应避免过多牵引视神经，以防损伤视神经交叉而影响对侧眼的视力。使用可吸收缝线结扎球后动静脉及视神经并剪断，摘除眼球。可视情况摘除第三眼睑，但应充分止血。氯霉素眼药水冲洗创腔后，可吸收缝线简单连续缝合球结膜，结节缝合上下眼睑（图7－4）。

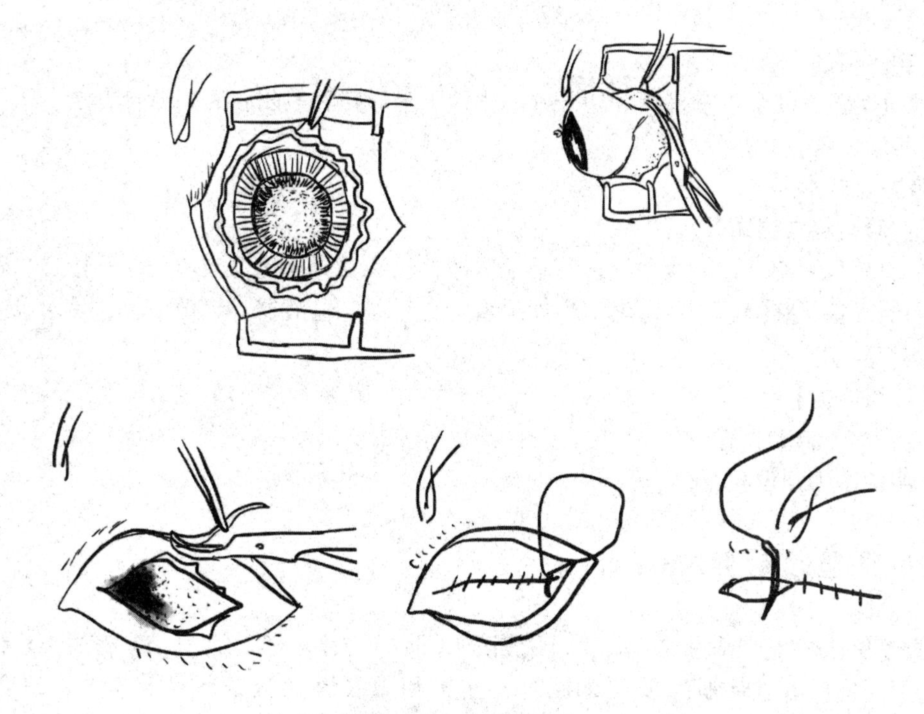

图7－4 眼球摘除术

（3）术后护理：创腔内涂布红霉素眼药膏，全身及局部抗生素治疗。佩戴伊丽莎白圈，防止动物磨蹭、抓挠术部。眼睑会逐渐萎缩塌陷。

实验八　腹腔切开术

【实验目的】

通过实验，使学生掌握腹腔切开术的各种手术通路和关闭腹腔的缝合方法。

【实验内容】

腹腔切开术。

【实验材料与器械】

常规软组织切开、止血、缝合等手术器械、丝线、无损伤可吸收线、酒精缸、碘伏缸、剃毛设备、麻醉药、抗生素、生理盐水、注射器、输液器、灭菌手套、手术衣、口罩、帽子。

【实验对象】

实验犬，雌雄兼有。

【实验基础知识】

1. 腹壁的局部解剖

腹腔位于隔和骨盆腔之间，背面是第 13 胸椎（牛、羊、犬、猫）或第 18 胸椎（马、驴、骡）和腰部肌肉及隔的腰部，侧界和腹底壁为腹壁肌肉和第 8 ~ 13 肋骨（牛、羊、犬、猫）或 9 ~ 18 肋骨（马）。腹壁的大部分由皮肤、肌肉、腱膜等软组织组成，按层次由外向内依次为：皮肤、皮下组织、腹黄筋膜（小动物不明显）、腹外斜肌、腹内斜肌、腹直肌、腹横肌、腹膜。腹白线是由剑状软骨达耻前腱沿腹中线纵行的纤维性缝际，是两侧腹斜肌和腹横肌的腱膜在腹中线处连合后形成的。两条腹直肌位于腹中线两侧。由最后肋骨向腹中线做垂线，其交点处（马、牛）或从胸骨到耻骨径路的 1/3 处（犬）是脐孔的位置。脐前部腹直肌鞘发达，脐后部腹直肌鞘变狭窄，在犬、猫几乎消失。在肥胖动物，腹白线外面紧紧覆盖一厚层脂肪。

2. 手术方法

（1）肷部切口

①适应症：肷部切口为腹髂部常用切口，马属动物常用左肷部切口，反刍动物左右肷部切口都常用。

②麻醉与保定：站立保定下施术采用腰旁或椎旁神经传导麻醉，也可采用局部浸润麻醉；侧卧保定下施术采用全身麻醉。

③术部。

a. 左（右）肷部中切口：在左（右）侧髋结节与最后肋骨连线的中点，距腰椎横突下方6～8cm处垂直向下做15～25cm的腹壁切口，切口长度根据手术要求适当改变。

b. 左（右）肷部前切口：在左（右）侧腰椎横突下方8～10cm，距最后肋弓5cm左右，做一与最后肋骨平行的切口，切口长15～25cm，必要时，也可切除最后肋骨作为肷部前切口。

c. 左（右）肷部后切口：在左（右）侧髋结节与最后肋骨连线上，在第4或第5腰椎横突下6～8cm处，垂直向下切开15～25cm。

d. 左（右）肷部下切口：在左（右）侧髋结节与最后肋骨连线的中点，距腰椎横突下方15～20cm处做一平行肋弓的15～25cm切口。

④术式。

a. 一次切开皮肤并分离皮下组织。

b. 逐层切开腹外斜肌、钝性或锐性分离腹内斜肌、腹横肌并显露腹膜，在切开腹膜前要彻底止血。

c. 皱襞切开腹膜，将切口扩大到能插入两指，用两个手指伸入切口内，以防止继续切开腹膜时损伤腹膜下脏器，扩创至合适切口长度。

d. 缝合前彻底检查腹腔内有无血凝块及其他手术物品遗留。4号丝线或可吸收线连续缝合腹腔和腹横肌，用7号丝线间断或连续缝合腹内斜肌与腹外斜肌，皮肤用10号丝线结节缝合。

（2）肋弓下斜切口

①适应症：马属动物肋弓下斜切口在左侧用于左上、下大结肠手术，在右侧用于胃状膨大部切开术、盲肠手术。反刍动物右侧肋弓下斜切口用于牛的皱胃切开术，左侧肋弓下斜切口用于牛剖腹产。

②麻醉与保定：左或右侧卧保定，全身麻醉，结合局部浸润麻醉。

③术部。

a. 马胃状膨大部切开术的切开定位办法：自右侧第14或第15肋骨终末端引一延长线，距肋弓6～8cm处为切口中点，切口与肋弓平行，切口长度为25～30cm。

b. 马盲肠手术切口定位方法：基本上与胃状膨大部切口相同，但距肋弓为8～10cm；盲肠切口定位还可在距右侧腰椎横突下方15～18cm，于最后肋骨后方5～7cm处，并与肋骨平行做一20～30cm切口。

c. 牛皱胃切开术的切口定位方法：距右侧最后肋骨末端25～30cm处，定为平行肋骨弓斜切口的中点，在此中点上做一20～25cm平行肋骨弓的切口。剖腹产的切口定位与此基本相同，只是在左侧，在左侧乳静脉上方3～4cm。

④术式。

a. 一次切开皮肤并分离皮下组织，尽量避开腹皮下静脉或将其双重结扎后切断，显露腹黄筋膜。

b. 切开腹黄筋膜与部分腹直肌外鞘，显露部分腹直肌。

c. 按切口方向分离腹直肌，对血管结扎后切断，并尽量减少对肋间神经深支的损伤，切开腹直肌，显露腹横肌腱膜和腹膜。

d. 切开腹横肌腱膜与腹膜，显露腹腔内肠管。

e. 关闭腹腔时，用 4 号丝线或可吸收线连续缝合腹膜和腹横肌腱膜用 7 号丝线间断或连续缝合腹直肌，用 10 号丝线结节缝合腹横筋膜，用 10 号丝线结节缝合皮肤。

(3) 腹中线切口（腹白线切口）

①适应症：小动物腹部手术最常用的切口。

②麻醉与保定：全身麻醉，仰卧保定。

③术部：术部从剑状软骨至耻骨间的腹中线，以脐孔为标记根据手术目的酌情而定。

a. 子宫卵巢摘除术和肠切开术肠切除端端吻合术：脐孔或脐孔后 1～2cm 向后切开 3～10cm，腹白线上进行。

b. 剖腹产术：脐孔向后切开 5～15cm，腹白线上进行；必要时向后越过脐孔扩大切口。

c. 胃切开术：剑状软骨后至脐孔间切口，腹白线上进行；必要时向后越过脐孔扩大切口。

d. 公犬膀胱切开术：阴茎右侧 1～1.5 皮肤切口，包皮头向后切开 3～5cm，经腹白线切开显露腹腔。

④术式。

a. 紧张切开术，分离皮下组织，显露腹白线。

b. 皱襞切开腹白线，暴露腹腔。脐孔前切开时，在切开腹白线后要钝性撕裂镰状韧带才能显露腹腔。

c. 关闭腹腔时，直接用可吸收线或丝线连续缝合腹白线，连带皮下组织结合缝合加固，最后结节缝合皮肤。

【实验步骤】

①指导教师讲解本次试验的目的，实验内容和注意事项，并提醒学生防止犬咬伤，然后由学生分组独立进行操作，每组要提前安排麻醉监护人员、手术人员和术后护理人员，使每个学生都参与到实验过程中。

②至少两名学生实施麻醉，并负责术后中麻醉监护和记录。

③两名学生分别任术者和助手，练习 3 种腹腔切开手术。

④手术期间，指导教师和其他同学在旁观摩，指导教师随时指导，并引导同学进行讨论；手术完成后，再轮换其他同学练习。

⑤实验结束后，指导教师组织学生总结本次实验，并安排学生对实验犬进行术后护理。

⑥学生记录实验犬的麻醉、手术过程和术后护理，并写出自己的体会，综合后上交实验报告。

实验九　犬胃切开术

【实验目的】

通过实验，使学生掌握小动物胃切开术的适应症、手术方法和术后护理。

【实验内容】

胃切开术。

【实验材料与器器械】

常规软组织切开、止血、缝合等手术器械、无损伤可吸收线、隔离巾、酒精缸、碘伏缸、剃毛设备、麻醉药、抗生素、生理盐水、注射器、输液器、灭菌手套、手术衣、口罩、帽子；尽可能准备两套器材（污染与无菌手术分开用）。

【实验对象】

实验犬。

【实验基础知识】

1. 犬胃的局部解剖

胃包括以下几部分，各部之间无明显分界：贲门部在贲门周围；胃底部位于贲门要的左侧和背侧、呈圆隆顶状；胃体部最大，位于胃的中部，自左侧的胃底部至右侧的幽门部；幽门部，沿胃小弯估计，约占远侧的1/3部分，幽门部的起始都是幽门窦，然后变狭窄，形成幽门管，与十二指肠交界处叫幽门，幽门处的环形肌增厚构成括约肌。

胃弯曲呈“C”字形，大弯主要面对左侧，小弯主要面对右侧。大血管沿小弯和大弯进入胃壁。胃的腹侧面叫壁面，与肝接触；背侧面叫脏面，与肠管接触。牵引大弯，可显露脏面，脏面中部为胃切开术的理想部位。

胃的位置随充盈程度而改变。空虚时，前下部被肝和膈肌掩盖，后部被肠管掩盖，在肋弓之前，正中矢状面的左侧；胃充满时与腹腔底壁相接触，突出肋弓之后，胃底部抵达第2腰椎或第3腰椎。

2. 适应症

取出胃内异物，经胃取食道异物，摘除胃内肿瘤，急性胃扩张减压，胃扩张扭转整复术及探查胃内疾病等。

3. 术前准备

非紧急手术，术前应禁食 24h 以上；对于病情严重、体况差的动物，术前要积极调整体况，补充血容量和调整酸碱平衡。必要时，经口插入胃管或胃穿刺减压。

4. 术式

（1）全身麻醉，仰卧保定；胸后部和腹部剃毛、消毒、铺设创巾后进行手术。

（2）剑状软骨向后至脐孔间沿腹中线切口，必要时切口越过脐孔；常规切开腹壁后，钝性撕裂镰状韧带，显露腹腔，腹内探查。

（3）确定进行胃切开手术后，把胃从腹腔中轻轻拉出。胃的周围用隔离巾与腹腔及腹壁隔离。防止切开胃时污染腹腔。

（4）手术刀沿胃长轴，在近胃大弯处切开一小口，必要时手术剪扩大切口；取出胃内或食道内异物，探查胃内各部（贲门、胃底、胃体、幽门窦、幽门）有无异常，视情况处理如图 9－1 所示。

（5）无损伤可吸收线连续缝合胃黏膜；温生理盐水冲洗后，再用无损伤可吸收线连续伦勃特式或库兴式缝合浆膜肌层；用温生理盐水冲洗胃壁后，去除组织钳或牵引线和隔离巾，将胃还纳腹腔。对于特别小的胃壁切口，也可只做一层荷包缝合浆膜肌层。胃切开缝合示意图如图 9－2 所示。

（6）若术中胃内容物污染了腹腔，用温生理盐水灌洗腹腔，然后更换手术器械转入无菌操作。

（7）常规缝合腹壁切口；术部涂布碘伏，腹绷带包扎。

5. 术后处理

术后加强处理，积极治疗。术后禁水 10～24h，禁食 24～48h；开始饮食时，少量多次，以易消化的流食逐渐向正常饮食过度；饲喂后，一旦再发生呕吐，停止饲喂，立即就诊。患病动物未正常饮食前，给予输液等支持疗法；抗生素疗法。术后 10～14d 视情况皮肤拆线。

【实验步骤】

（1）指导老师讲解本次实验的目的、实验内容和注意事项，并提醒学生防止犬咬伤，然后由学生分组独立进行操作，每组要提前安排麻醉监护人员、手术人员和术后处理人员，使每个学生都参与到实验过程中。

（2）至少两名学生实施麻醉，并负责术中麻醉监护和记录。

（3）两名学生分别任术者和助手，练习犬胃切开术。

（4）手术期间，指导教师和其他同学在旁观摩，指导教师随时指导，并引导同学进行讨论；手术完成后，再轮换其他同学练习。

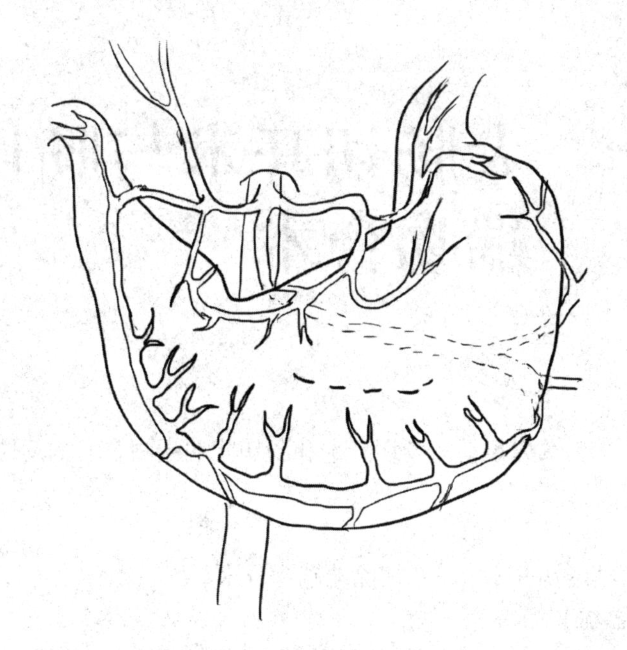

图9－1 胃常规切口定位

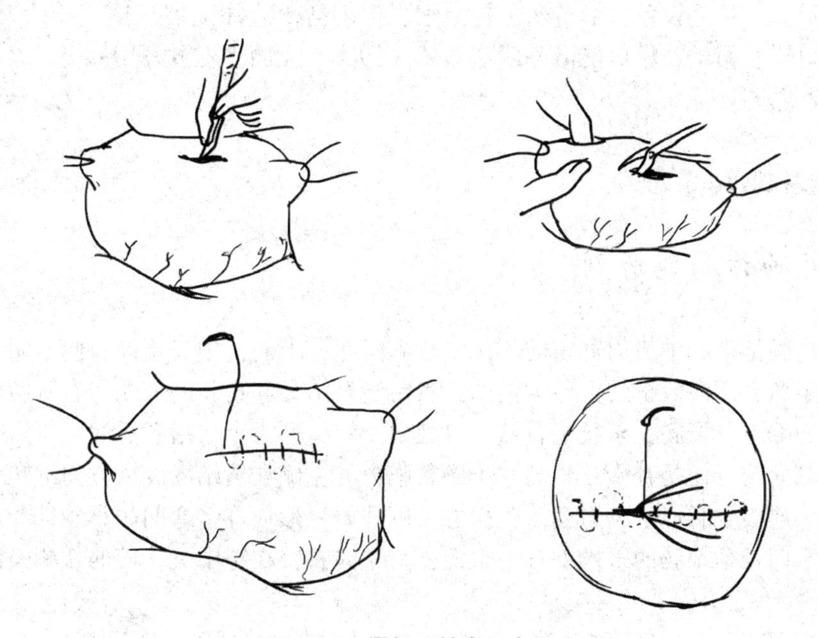

图9－2 胃切开缝合示意图

（5）实验结束后，指导老师组织学生总结本次实验，并安排学生对实验犬进行术后护理。

（6）学生记录实验犬的麻醉、手术过程和术后护理，并写出自己的体会，综合后上交实验报告。

实验十　犬肠切开术与肠切除端端吻合术

【实验目的】

通过实验，使学生掌握小动物肠切开术和肠切除端端吻合术的适应症、手术方法和术后护理。

【实训内容】

小肠切开术、结肠切开术、小肠切除端端吻合术。

【实验材料与器械】

常规软组织切开、止血、缝合等手术器械、无损伤可吸收线、隔离巾、酒精缸、碘伏缸、肾形盘、剃毛设备，麻醉药、抗生素、生理盐水、注射器、输液器，灭菌手套、手术衣、口罩、帽子，尽可能准备两套器械（污染与无菌手术分开用）。

【实验对象】

实验犬。

【实验基础知识】

1. 犬肠的局部解剖

十二指肠是小肠中最为固定的一段，自幽门起，走向正中矢状面右侧，向背前方行很短一段距离后便向后折转，称为前曲；然后沿升结肠和盲肠的外侧与右侧腹壁之间向后行，称为降十二指肠；至接近骨盆入口处向左转，称为十二指肠后曲；再沿降结肠和左肾的内侧向前行便是升十二指肠；于肠系膜根的左侧和横结肠的后方向下转为十二指肠空肠曲，连接空肠，空肠自肠系膜根的左侧开始，形成许多弯曲的小肠袢，占据腹腔的后下部。回肠是小肠的末端部分，很短，自左向右，在正中矢状面的右侧经回结口延接结肠。

盲肠短而弯曲，位于第2、第3腰椎下方的右侧腹腔中部，盲肠尖向后，前端经盲结口与升结肠相连，结肠无纵带，被肠系膜悬吊在腰下部，依次分为以下几段——升结肠：自盲结口向前行，很短（约10cm），位于肠系膜根的右侧；横结肠：升结肠行至幽门部向左转称为结肠右曲，经肠系膜根的前方至左侧腹腔，于左背的腹侧面转为结肠左曲，向后延接为降结肠，降结肠，是结肠中最长的一段，30～40cm，起始于肠系膜根的左侧，然后斜向正中矢状面，至骨盆入口处与直肠衔接。在降结肠与升十二指肠之间有十二指肠结肠韧带相连。

2. 适应症

犬的小肠切开术适用于排除犬的场内异物或蛔虫性肠阻塞，或切开排出肠管内积液减压；大肠切开术适用于结肠内粪性闭结或异物。有时，肠套叠整复和肠活组织检查也需要肠切开术。

犬小肠切除端端吻合术适用于各种原因引起的肠坏死、广泛性肠粘连、不易修复的肠损伤、肠瘘和肠肿瘤等。同样的手术方法也可用于巨结肠切除术。

3. 术前准备

非紧急手术，术前应禁食24h以上，对于病情严重、体况差的动物，术前要积极调整体况，补充血容量和调整酸碱平衡。

4. 术式

（1）全身麻醉，仰卧保定；腹部剃毛、消毒，铺设创巾后进行手术。

（2）脐后腹中线切口，常规切开腹壁后，显露腹腔，向前拨动大网膜后腹内探查。绝大部分的小肠异物发生在空肠；因为空肠游离性大，容易被牵拉出腹外，既方便操作又可避免污染，所以对于十二指肠或回肠内的异物，可考虑人为推至空肠，行空肠切开术；无法移动时，再行十二指肠或回肠切开术。结肠后段的异物或硬结粪便，可集中在降结肠前部切开取出。

（3）将阻塞或病变肠管尽量拉出腹外，周围用隔离巾与腹腔及腹壁隔离，防止污染腹腔。判定腹壁是否发生坏死，决定行肠切开术，还是肠切除术。

（4）肠切开术：助手手持纱布捏持住阻塞处两侧的健康肠管。在阻塞处偏后方的健康肠管的对肠系膜侧，术者用手术刀纵向切开肠壁，切口长度以能顺利取出阻塞物为原则。助手自切口两侧适当推挤阻塞物，术者钳夹取出或使阻塞物自动滑入包裹灭菌隔离巾的肾形盘内。如果阻塞处前方肠管积气或积液，要经此肠壁切口尽量排出，纱布拭擦肠壁切口，修剪外翻的肠黏膜。无损伤可吸收线全层结节缝合肠壁。温生理盐水冲洗肠壁和肠系膜（图10－1），肠切开缝合。大网膜包裹切开部位后还纳腹腔。因结肠粗大，缝合后不宜狭窄，也可先连续缝合黏膜，温生理盐水冲洗后，再用无损伤可吸收线连续伦勃特或库兴氏缝合浆膜肌层。

（5）肠切除端端吻合术：展开病变肠管及肠系膜，确定肠切除范围。肠切除线一般在病变部位两端2～5 cm的健康肠管上，在肠管切除范围上，对相应肠系膜V形或扇形预定切除线，在预定切除线两侧，将肠系膜血管进行双重结扎，然后在结扎线之间切断血管和肠系膜。肠壁预切除线外侧1～1.5cm用肠钳夹住，沿预切除线切断肠管，对肠系膜侧切除多些。扇形肠系膜切断后，结扎肠断端肠系膜三角区的出血如图10－2所示。助手扶持并合拢两肠相钳，使两肠断端对齐靠近，检查拟吻合的肠管有无扭转。修

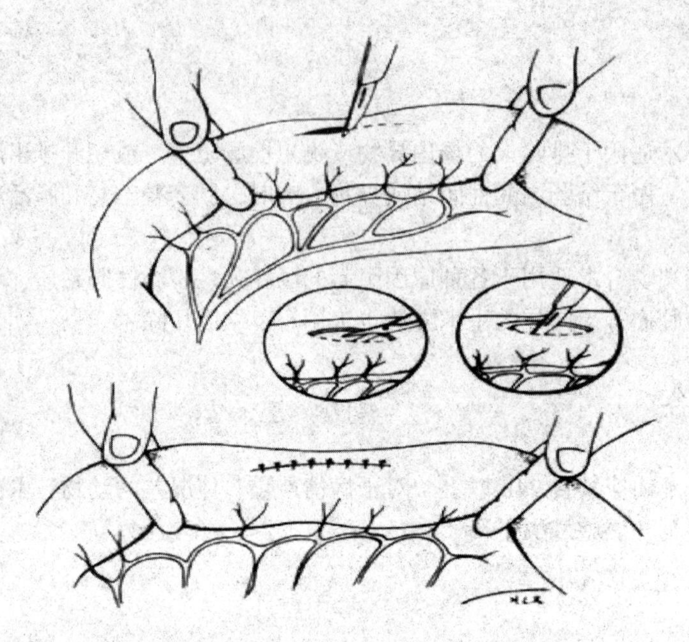

图 10－1　肠管切开缝合示意图

剪外翻的肠黏膜；对于较细的肠管，可沿对肠系膜侧剪开，扩大吻合处的肠腔，也可用此方法使两端肠腔直径一致。无损伤可吸收线先结节缝合两肠断端的后壁，然后再结节缝合前壁如图 10－2 所示。去除两端夹持的肠钳，视情况补针，特别是要检查系膜侧和对系膜侧的两折转处。最后结节缝合肠系膜游离缘。温生理盐水冲洗肠壁和肠系膜，大网膜包裹吻合部位后还纳腹腔。

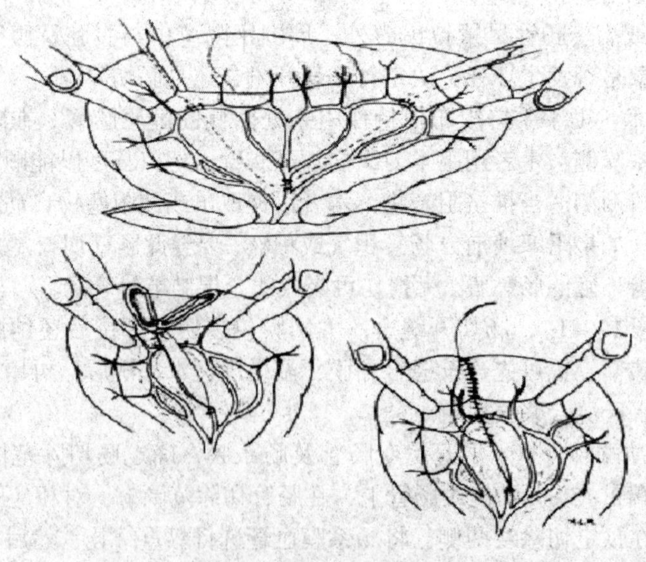

图 10－2　坏死肠管切除范围、肠端端吻合术

（6）若术中肠内容物污染了腹腔，用温生理盐水灌洗腹腔，然后更换手术器械转

入无菌操作。

（7）常规缝合腹壁切口。术部涂布碘伏，腹绷带包扎。

5. 术后护理

术后加强护理，积极治疗。术后禁水10～24h，禁食24～48h；开始饮食时，少量多次，以易消化的流食逐渐向正常饮食过渡；饲喂后，一旦发生呕吐，停止饲喂，立即就诊。患病动物未正常饮食前，给予输液等支持疗法；抗生素疗法。术后10～14d视皮肤情况拆线。

【实验安排及步骤】

①指导教师讲解本次实验的目的、实验内容和注意事项，并提醒学生防止犬咬伤，然后由学生分组独立进行操作，每组要提前安排麻醉监护人员、手术人员和术后护理人员，使每个学生都参与到实验过程中。

②至少两名学生实施麻醉，并负责术中麻醉监护和记录。

③两名学生分别任术者和助手，练习犬小肠切开术、结肠切开术和小肠切除端端吻合术。

④手术期间，指导教师和其他同学在旁观摩，指导教师随时指导，并引导同学进行讨论；手术完成后，再轮换其他同学练习。

⑤实验结束后，指导教师组织学生总结本次实验，并安排学生对实验犬进行术后护理。

⑥学生记录实验犬的麻醉、手术过程和术后护理，并写出自己的体会，综合后上交实验报告。

实验十一　犬猫卵巢子宫摘除术

【实验目的】

通过实验，使学生掌握犬、猫卵巢子宫摘除术的适应症，手术方法和术后护理。

【实验内容】

犬卵巢子宫摘除术；猫卵巢子宫摘除术。

【实验材料与器械】

常规软组织切开、止血、缝合等手术器械、无损伤可吸收线、丝线、酒精缸、碘伏缸、红霉素眼膏、剃毛设备、麻醉药、抗生素、生理盐水、注射器、输液器、灭菌手套、手术衣、口罩、帽子等。

【实验对象】

实验犬，雌性；实验猫，雌性。

【实验基础知识】

1. 犬猫卵巢和子宫的局部解剖

卵巢位于同侧肾脏后方的卵巢囊内。右侧卵巢在降十二指肠和外侧腹壁之间，左卵巢在降结肠和外侧腹壁之间，或位于脾脏中部与腹壁之间。性成熟前，卵巢表面光滑；性成熟后卵巢表面变粗糙并有不规则的突起。卵巢通过固有韧带与子宫角相连，并经卵巢悬吊韧带附着于最后肋骨内侧的筋膜上。

正常的子宫很细小，发情、妊娠或感染时增大，子宫由颈、体和两个长角构成。子宫角狭长，背面与降结肠、腰肌和腹横筋膜、输尿管相接触，腹面与膀胱、网膜和小肠相接触。在怀孕子宫膨大的过程中，阴道端和卵巢端的位置几乎不改变，子宫角中部向前下方下沉，抵达肋弓的内侧。子宫体短，子宫颈是子宫体和阴道之间的隆起部分，壁厚。

子宫阔韧带是把卵巢、输卵管和子宫附着于腰下外侧壁上的脏层腹膜褶，悬吊除阴道后部之外的所有内生殖器官，可分为连续的 3 个部分，即子宫系膜、输卵管系膜和卵巢系膜。卵巢系膜为阔韧带的前部，与输卵管系膜一起组成卵巢囊。犬的卵巢完全由卵巢囊覆盖，而猫的卵巢仅部分被卵巢囊覆盖。

卵巢系膜内包裹卵巢悬吊韧带及卵巢动、静脉，卵巢动脉在子宫系膜内与子宫动脉吻合。子宫动脉沿子宫颈、子宫体两侧向前延伸，供应左右两侧子宫角。在犬，子宫阔韧带沉积大量脂肪，各部血管显示不清。

2. 适应症

卵巢子宫摘除是为了绝育，即阻止发情和繁衍后代，并可预防和治疗于卵巢、子宫和乳房等部位易发的雌性动物生殖系统疾病，如卵巢囊肿、卵巢肿瘤、化脓性子宫内膜炎、增生性子宫内膜炎、乳腺肿痛、阴道增生、阴道脱垂等；还可控制某些内分泌疾病（如糖尿病）和皮肤病（如全身性螨病）。

3. 术前准备

成年犬、猫禁食12～18h；幼年犬、猫禁食4～8h；对因病理性卵巢子宫摘除的病例，要进行全面检查，术前要积极调整体况，纠正水、电解质代谢紊乱和酸碱平衡失调。

4. 术式

（1）犬子宫卵巢摘除术（图11－1）

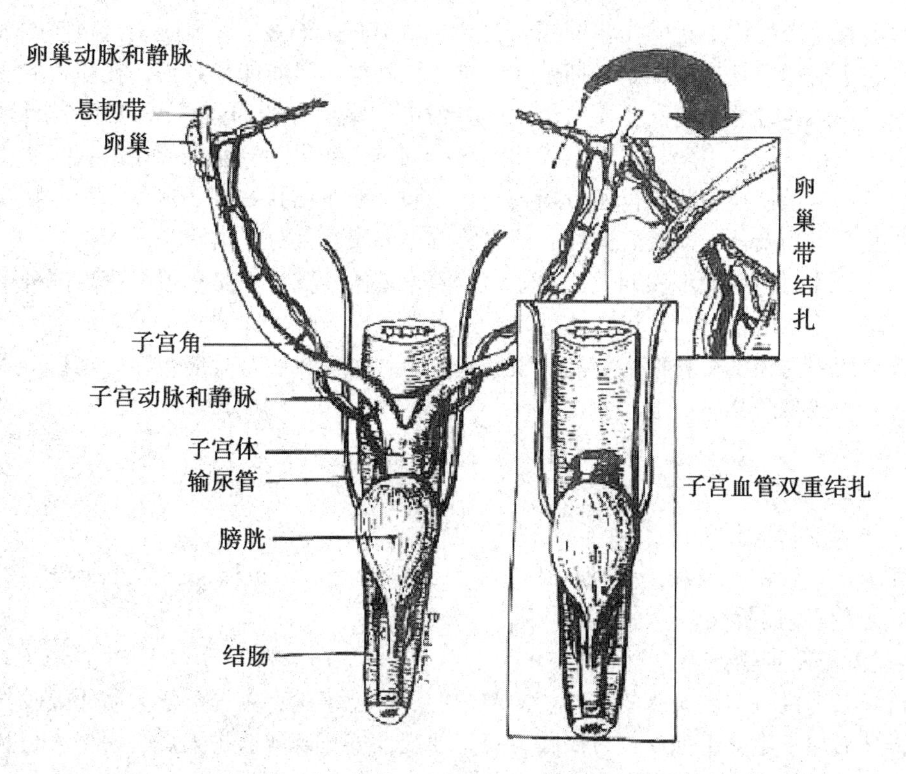

图11－1 子宫卵巢切除术

①全身麻醉，仰卧保定，腹部剃毛、消毒，铺设创巾后进行手术。

②脐后腹中线切口，长3～10cm；常规切开腹壁后，显露腹腔。

③术者手指贴住腹壁探入腹腔，牵出右侧子宫角，显露子宫角前端和卵巢囊。术者左手拇指与食指捏住固有韧带，其余3指使卵巢系膜紧张，仔细辨认卵巢血管，在血管后方戳开卵集系膜并钝性分离，止血钳经此开口钳夹固有韧带，交由助手提拉；助手下压腹壁，术者使用丝线双重结扎卵巢悬吊韧带和卵巢动、静脉，在结扎线与卵巢之间切断；将右侧子宫角完全拉出腹壁切口外，在子宫体两侧的子宫动脉外，钝性分离子宫阔韧带后撕断（对于肥胖犬和大型犬，为防止子宫阔韧带断端出血，也可丝线单结扎后剪断）。

④导引出左侧子宫角，按同样方法结扎和切断左侧卵巢悬吊韧带和子宫阔韧带。

⑤在子宫体后端，丝线双重结扎子宫体及两侧伴行的子宫血管，在结扎线前端剪断，去除卵巢和子宫。

⑥确认腹腔内无出血和遗留物品，大网膜复位；可吸收线常规缝合腹壁切口；术部涂布碘伏，腹绷带包扎。

（2）猫卵巢摘除术

①全身麻醉，仰卧保定；腹部剃毛、消毒，铺设创巾后进行手术。

②脐后2～3cm腹中线切口，长1～2cm；常规切开腹壁后，显露腹腔。

③术者独自操作：手指贴住腹壁探入腹腔，牵出右侧子宫角，显露子宫角前端和卵巢，术者左手拇指与食指捏住固有韧带，中指下压腹壁，显露卵巢系膜，在卵巢血管后方戳开卵巢系膜并钝性分离，止血钳经此开口钳夹卵巢前方的卵巢悬吊韧带和卵巢动、静脉；在止血钳下方，用丝线双重结扎卵巢悬吊韧带和卵巢动、静脉，在结扎线和止血钳之间剪断；尽量提拉右侧子宫角，撕裂子宫系膜，双重结扎右侧子宫角。在结扎线前方切断右侧子宫角及伴行血管。同样方法去除左侧卵巢和部分子宫角。

④两人操作时，手术步骤同犬卵巢子宫摘除术基本相同，只是猫可以摘除部分子宫角，不一定非得切口很大，从子宫体处切断。

⑤确认腹腔内无出血和遗留物品，大网膜复位；可吸收线常规缝合腹壁切口；术部涂布碘伏，腹绷带包扎。

5. 术后护理

生理手术术后常规护理；病理性手术术后积极治疗，纠正体况，防止感染。术后10～14d视情况皮肤拆线。

【实验安排及步骤】

①指导教师讲解本次实验的目的、实验内容和注意事项，并提醒学生防止犬咬伤和猫抓伤，然后由学生分组独立进行操作，每组要提前安排麻醉监护人员、手术人员和术后护理人员，使每个学生都参与到实验过程中。

②至少两名学生实施麻醉，并负责术中麻醉监护和记录。

③两名学生分别任术者和助手，练习犬和猫的卵巢子宫摘除术。

④手术期间，指导教师和其他同学在旁观摩，指导教师随时指导，并引导同学进行讨论，手术完成后，再轮换其他同学练习。

⑤实验结束后，指导教师组织学生总结本次实验，并安排学生对实验犬和猫进行术后护理。

⑥学生记录实验犬和猫的麻醉、手术过程和术后护理，并写出自己的体会，综合后上交实验报告。

实验十二 犬猫睾丸切除术

【实验目的】

通过实验，使学生掌握犬和猫睾丸切除术的适应症、手术方法和术后护理。

【实验内容】

犬睾丸切除术；猫睾丸切除术。

【实验材料与器械】

常规软组织切开、止血、缝合等手术器械、无损伤可吸收线、酒精灯、碘伏缸、红霉素眼膏、剃毛设备、麻醉药、抗生素、生理盐水、注射器、输液器、灭菌手套、手术衣、口罩、帽子等。

【实验对象】

实验犬，雄性；实验猫，雄性。

【实验基础知识】

1. 犬猫阴囊和睾丸的局部解剖

犬的阴囊较大，悬吊于趾骨部下方、两后肢之间。猫的阴囊位于肛门下方，距离肛门很近。阴囊为皮肤、肉膜、睾外提肌和鞘膜组成的袋装囊，内含有睾丸、附睾和一部分精索。阴囊皮肤表面的正中线为阴囊缝际，是去势术的定为标志。肉膜在阴囊皮肤的内面，沿阴囊缝际形成阴囊中隔。鞘膜由总鞘膜和固有鞘膜组成。总鞘膜是由腹横筋膜与紧贴于其内的腹膜壁层延伸阴囊内形成，呈灰白色坚韧有弹性的薄膜包在睾丸外面。固有鞘膜是腹膜的脏层，包着睾丸、附睾和精索。总鞘膜转折到固有鞘膜的腹膜褶称为睾丸系膜或鞘膜韧带，在睾丸系膜的下端，即附睾后缘的加厚部分称为附睾尾韧带。总鞘膜和固有鞘膜之间形成鞘膜腔，向腹内方向形成鞘膜管，精索通过鞘膜管。犬、猫的睾丸呈椭圆形，水平地位于阴囊内。附睾体紧贴在睾丸上，附睾尾部分游离，并移行为输精管。附睾位于睾丸的背外侧，附睾尾在后，附着于附睾韧带。精索为一索状组织，由血管、输精管、神经、淋巴管和睾内提肌组成，起于附睾，通向腹内。

2. 适应症

绝育和改变动物的某些不良习惯和行为，预防和治疗某些雄激素相关性疾病，如前列腺疾病、肛周腺瘤和会阴疝；其他适应症包括睾丸或附睾肿瘤、睾丸和阴囊外伤或脓肿、尿道造口术、腹股沟阴囊疝修补术及控制癫痫和某些内分泌疾病。

3. 术前准备

成年犬、猫禁食12～18h，幼年犬、猫禁食4～8h；对因病理性睾丸切除的病例，要进行全面检查，术前要积极调整体况；若为附带手术，要积极治疗原发病。

4. 术式

(1) 犬睾丸切除术（阴囊基部前切口）

①全身麻醉，仰卧保定；后腹部和会阴部剃毛、消毒，铺设创巾后进行手术。

②术者站在动物的左侧，左手将一侧睾丸挤压至阴囊基部前中线固定，右手持手术刀切开皮肤（皮肤切口长1～2cm）、肉膜和总鞘膜，将睾丸挤出皮肤切口之外。

③止血钳钝性分离精索与附睾尾和切开外翻的鞘膜管之间的固有鞘膜，止血钳钳夹鞘膜管，钝性撕开附睾尾韧带，牵拉精索，使之鞘膜管游离。可吸收线双重结扎精索，在结扎线和睾丸之间剪断精索，去除一侧睾丸，精索残端退入鞘膜管。或用弯止血钳将精索自身打结，在结和睾丸之间剪断精索。松开钳夹鞘膜管的止血钳，将总鞘膜还纳阴囊。

④按同样的方法，从同一皮肤切口摘除另一侧睾丸，总鞘膜还纳阴囊。

⑤可吸收线结节缝合皮肤切口；术部涂布碘伏，腹绷带包扎。

(2) 猫睾丸切除术（阴囊部切口）

①全身麻醉，左侧卧保定；阴囊及周围拔毛（或剃毛）、消毒，铺设纱布创巾后进行手术。

②术者站在动物后背侧，右手由内向外依次拿好弯止血钳、尖剪和组织钳（穿在无名指上），并用食指和拇指捏住手术刀片。左手拇指、食指和中指将两侧睾丸挤入阴囊底部并固定，在阴囊腹侧的缝际两侧0.5cm处切开阴囊皮肤、肉膜和总鞘膜，睾丸随之弹出切口之外。

③放下手术刀片，右手用组织钳夹住附睾尾，交由左手提拉，右手持剪刀扩大鞘膜管切口，分离精索和鞘膜管之间的固有鞘膜，剪断总鞘膜，提拉使精索与鞘膜管游离。剪刀交由左手，右手持弯止血钳将精索自身打结，在结和睾丸之间剪断精索，去除一侧睾丸，精索残端退入鞘膜管。精索自身打结如图12－1所示。

④按同样的方法摘除另一侧睾丸。

⑤清理阴囊切口处的血凝块，对合切口，碘伏消毒（无需缝合），术后佩戴伊丽莎白圈，防止舔舐。

5. 术后护理

生理手术后常规护理；病理性手术术后积极治疗，纠正体况，防止感染。术后10～14d视皮肤情况拆线。

【实验安排及步骤】

①指导教师讲解本次实验的目的、实验内容和注意事项，并提醒学生防止犬咬伤和猫抓伤，然后由学生分组独立进行操作，每组要提前安排麻醉监护人员，手术人员和术后护理人员，使每个学生都参与到实验过程中。

②至少两名同学实施麻醉，并负责术中麻醉监护和记录。

③两名学生分别担任术者和助手，练习犬和猫的睾丸切除术。

④手术期间，指导教师和其他同学在旁观摩，指导教师随时指导，并引导同学进行讨论；手术完成后，再轮换其他同学练习。

⑤实验结束后，指导教师组织学生总结本次实验，并安排学生对实验犬和猫进行术后护理。

⑥学生记录实验犬和猫的麻醉，手术过程和术后护理，并写出自己的体会综合后上交实验报告。

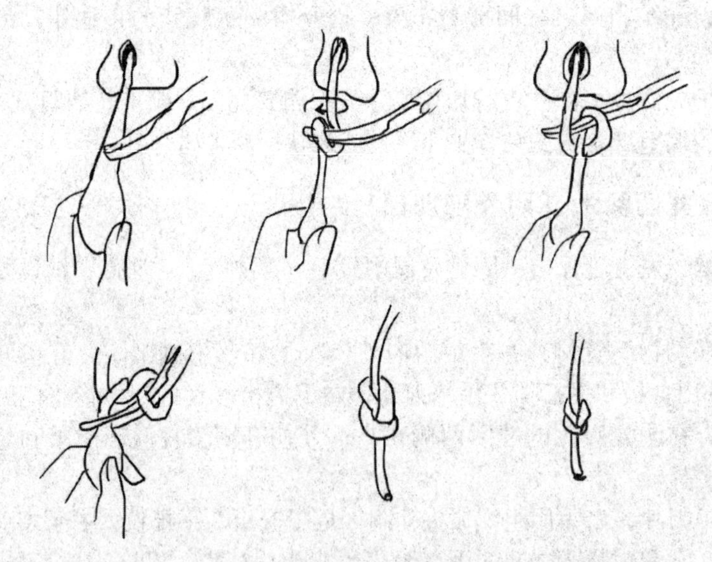

图12－1　精索自身打结示意图

实验十三　猪的阉割术

【实验目的】

通过实训掌握公猪去势和猪卵巢摘除的操作方法和注意事项。

【实验内容】

公、母猪的阉割术。

【实验器械与材料】

阉猪刀、碘伏、75%酒精、缝合线、缝合针、持针钳等。

【实验对象】

1～2月龄或5～10kg重公猪及大公猪若干头、1～3月龄5～15kg或体重15kg以上的母猪若干头。

【实验步骤】

1. 公猪的阉割

(1) 小公猪阉割术

①保定：左侧卧倒保定，术者右手提后肢砣部，左手捏住右侧膝襞部使猪左侧卧于地面，背向术者，随即用左脚踩住猪颈部，右脚踩住猪的尾根。

②消毒：手术部位用碘伏消毒。

③固定睾丸：术者左手腕部及手掌外缘将猪的右后肢压向前方紧贴腹壁，中指屈曲压在阴囊颈前部，同时用拇指及食指将睾丸固定在阴囊内，使阴囊皮肤紧张，将睾丸纵轴与阴囊纵缝平行固定。

④切开阴囊及总鞘膜：术者右手执刀，沿阴囊缝际的外侧1～1.5cm外（亦可沿缝际）平行切开阴囊及总鞘膜2～3cm，显露并挤出睾丸。

⑤摘除睾丸：术者以左手握住睾丸，食指和拇指捏住阴囊韧带与睾丸连接部，剪断或用手撕断附睾韧带，并将韧带和总鞘膜推向腹壁，充分显露精索后，刮锉睾丸上方1～2cm处的精索（亦可先捻转后刮锉）一直到断离并去掉睾丸。然后再在阴囊缝际的另一侧重新切口（亦可在原切口用刀尖切开阴囊中隔显露对侧睾丸）以同样方法摘除睾丸。阴囊创口涂碘伏消毒，切口可不缝合。

(2) 大公猪的阉割术

①保定：地面或手术台上侧卧保定（多为右侧卧），用木杠压住猪的颈部，四蹄用

短绳捆缚。

②消毒：用1%～2%来苏尔液擦洗阴囊并拭干后涂擦碘伏，再用75%酒精脱碘。

③切开阴囊除去睾丸：用手握住阴囊颈部或用纱布条捆住阴囊颈部固定睾丸，在阴囊底部缝际旁1～2cm处与缝际平行切开阴囊皮肤及总鞘膜，露出睾丸，剪断鞘膜韧带并分离之，露出精索，在睾丸上方2～3cm处结扎精索后，切断精索除去睾丸。以同样方法除去另一侧睾丸。精索断端涂碘伏，阴囊内撒青霉素等抗菌药物。

2. 母猪阉割术

(1) 基础知识

猪的卵巢位置、大小和形状因年龄不同有很大的变化。2月龄猪的卵巢，其形如小豆，4月龄以内猪的卵巢，呈椭圆形，此时卵巢均位于荐骨岬两侧稍后方。接近性成熟时，卵巢增大，表面有突出的小卵泡，呈桑葚形。卵巢位置也下垂前移，位于髋结节前缘的横断面处的腰下部。性成熟后及经产母猪，卵巢呈葡萄状，包于卵巢内，位于髋结节前缘横断面前方约4cm，靠近体正中线。

(2) 猪的子宫

属于双角子宫，子宫角长，且呈螺旋状弯曲。小母猪的子宫角细而弯曲，管壁较厚，呈圆形，淡红色。阉割时注意与管径较粗呈扁带状、管壁较薄、色泽较深暗的小肠加以区别。而膀胱圆韧带呈乳白色，比子宫角细得多，但比输卵管较粗，质地较硬，亦加以区别。

(3) 小母猪阉割术（小挑花）又称卵巢子宫摘除术

适用于1～3月龄体重为5～15公斤的小母猪。术前禁饲8～12h。

①保定：右侧卧定保定，术者用左手握住猪左右肢的跖部，右手捏住猪左侧膝襞部，将猪右侧卧于地面，背向术者。术者右脚踩住猪颈部，左脚踩住充分向后伸展的左后肢的跖部。使猪的前躯侧卧、后躯仰卧，下颌部、左后肢的膝部至蹄部构成一斜的直线。

②术部：左手中指抵在左侧髋结节上，大拇指用力按压左侧腹壁，使拇指与中指的连线与地面垂直，此时拇指按压部即为术部。此部相当于髋结节向猪左列乳头方向引一垂线，切口在距左列乳头2～3cm处的垂线上。

③手术方法：术者右手持挑形刀，用拇、指中指和食指控制刀刃深度，用刀尖在左手拇指按压处前方垂直切开皮肤，切口长0.5～1cm，然后用刀柄以45°角斜向前方刺入切口，借猪嚎叫时，随腹压升高而适当用力“点”破腹壁肌肉和腹膜（描口法），或术者用食指控制好刀身的长度，左手拇指按压处前方一次性刺破腹壁（透口法）。此时，有少量腹水流出，有时子宫角也随着涌出。如子宫角不出来，左手拇指继续紧压，右手将刀柄在腹腔内做弧形滑动，并稍扩大切口，在猪嚎叫时腹压过加大，子宫角和卵巢从

腹腔涌出切口之外；或以刀柄轻轻引出。右手捏住脱出的子宫角及卵巢，轻轻向外拉，然后用左右手的拇指、食指轻轻地轮换往处导，两手其他三指交换压迫腹壁切口，将两侧卵巢和子宫角一同除去。切口涂碘伏，提起后肢稍稍摆一下，即可放开。

④注意事项：

a. 保定要确实、可靠，手脚配合好。

b. 切口部位要准确。

c. 手术要空腹进行，以便卵巢、子宫角能顺利及时涌出。切口自动涌出膀胱圆韧带的原因多为切口偏后，应使切口前移或用刀柄在切口前方探钩。如肠管阻塞切口，其原因是切口偏前，应使切口后移靠近子宫角的位置，或用刀柄在切口后方探钩。

d. 若上述操作不能完成目的时，应及时将猪倒立保定，扩大切口，找到卵巢及子宫角并摘除。最后缝合腹膜及皮肤和肌肉创口，涂擦碘伏消毒。

（4）大母猪的阉割术（大挑花）

又称单独卵巢摘除术，适用于3月龄以上、体重在15kg以上的母猪。在发情期最好不要进行手术。术前禁食6h以上，阉割刀具为大挑刀。

①左侧或右侧卧保定：术者位于猪的背侧，用一只脚踩住颈部，助手拉住两后肢并用力牵伸上面的一只后腿。50kg以上的母猪保定是两前肢与下后肢用绳捆扎在一起，上后肢由助手向后牵拉直并固定，用一木杠将颈部压住，防止骚动挣扎。

②术部：以左侧卧保定为例，术部在右侧髋结节前下方5～10cm处，相当于肷部三角区中央，指压抵抗力小的部位为最佳处。

③手术方法：术部常规消毒，左手捏起膝前皱褶，使术部皮肤紧张；右手持刀将皮肤切开3～5cm的半月形切口，用左手食指垂直戳破腹肌及腹膜，若手指不易刺破，可用刀柄与左手食指一起伸入切口，用刀柄先刺透腹壁后，再用食指将破孔扩大，并伸入腹腔；沿腹壁向背侧向前向后探摸卵巢或子宫角；当食指端触及到卵巢后，用食指指端置于卵巢与子宫角的卵巢固有韧带上，将此韧带压迫在腹壁上，并将卵巢移动至切口处；右手用大挑刀刀柄插入切口内，与左手食指协同钩取卵巢固有韧带，将卵巢牵拉出切口外；术者左手食指再次伸入切口内，中指、无名指屈曲下压腹壁的同时，食指越过直肠下方进入对侧髋结节附近探查另一卵巢，同法取出对侧卵巢；两卵巢都导出切口后，用缝线分别结扎两侧卵巢悬吊韧带和输卵管后，除去卵巢。腹壁创口用结节缝合法将皮肤、肌肉、腹膜全层一次缝合。体大的母猪可先缝合腹膜后，再将肌肉、皮肤一次结节缝合。创口涂碘伏消毒。缝合时不要损伤肠管，腹壁缝合要严密。

当猪体较大，食指无法探查到对侧卵巢时，可由助手伸到猪体腹壁下面，将腹壁垫高，使对侧卵巢上移。与此同时，术者食指在腹腔内向切口处划动，卵巢和系膜随划动而移至指端，术者可趁机捕捉卵巢和系膜。当上述方法仍不能触及对侧卵巢时，可用盘肠法（诱肠法），即先将引出腹壁切口的卵巢结扎后摘除，然后沿子宫角逐步引出子宫体和对侧子宫角与卵巢。在向外导出子宫角时，可采取边导引边还纳的操作方法，以防子宫角被污染。两侧卵巢摘除后，术者应检查切口内肠管、网膜等脏器正常的情况下，方可缝合切口。

实验十四　公鸡的阉割术

【实验目的】

1. 通过摘除睾丸，使公鸡的性机能消失，不爱运动，便于饲养管理。

2. 加快增重，迅速育肥，肉质细嫩，味道鲜美。

3. 节约饲料成本，提高饲料报酬。

【实验内容】

公鸡的保定及阉鸡操作方法。

【实验材料与器械】

手术刀：特制阉鸡刀，一端为不锈钢片，刀口斜形，用于腹腔开口，刀柄为锥子形，为不锈钢或生铜制造，用于夹取白膜、韧带和系带，要求镊子尾端较粗糙，且微内弯，夹取白膜和韧带时不易滑脱。

扩创弓或扩张器：为生铜制或不锈钢制。

睾丸勺（为生铜制或不锈钢制）：用于托起下侧睾丸，锯割睾丸时，用以固定睾丸作用，圆柄末端用以配合镊子撕裂白膜、韧带和系带。

捞钩（睾丸套）：一端呈汤勺形，末端穿一小孔，用于系套绳。

套绳：最好用椰子外壳里的较细纤维丝线，或用其他植物纤细丝线。传统用棕丝或马尾鬃，笔者认为，棕丝、马尾鬃不够细，也不如椰壳抽出的细丝线锋利，不易套取较小和较长睾丸，锯断睾丸时易造成睾丸破碎，且易造成大出血。

【实验对象】

45～60天的仔公鸡，若干只。

【实验步骤】

1. 术前准备

一般最佳阉鸡日龄为45～60天的仔公鸡，一般小型品种和饲养管理良好，营养全面，鸡冠较红的公鸡可适当提前，大型品种，生长发育较差的公鸡可适当延迟阉割，所阉割公鸡要求健康。所需阉割的公鸡术前几天开始饲喂多维，尤应补充维生素K_3，这样可降低阉割所造成的应激和术中出血；术前应禁食8～12h，尤饲喂饲料较差，日龄较小，发育较差的公鸡，更应术前禁食，否则肠管过于鼓胀，充满腹腔，使腹腔空隙较小，影响手术操作和视线，易误伤血管和肠管，造成手术失败。

2. 保定

术者坐在约20cm高的小板凳上，将鸡翅合拢，鸡成左侧卧，背向术者，术者左脚外侧踩于鸡翅粗羽上，力度适中，左脚脚趾垫于鸡左侧背，使背向外侧微倾，这样使睾丸显得更浅位，视野更好。后两脚踩于术者右脚下，把鸡的身子拉直。

3. 手术方法

术部处理：术部去毛：鸡保定好后，左手大拇指与其余四指叉开，把开口处皮肤绷紧，右手大拇指与食指拔毛，这样术部皮肤不易撕裂，拔毛后毛孔不易出血。用冷水沾湿术部周围羽毛，充分显露术部。

4. 切开术部

一般在最后肋骨处开口，如选择最后两肋开口，扩张时，易把最后肋骨撑断，尤其幼嫩仔公鸡。开口时，术者左手大拇指指甲紧扣最后肋骨后缘定位，并使术部皮肤适当错位，右手以拳握式持刀法，大拇指与食指摄住手术刀下部，以便着力和控制插入深度，下刀时，刀刃紧贴左手拇指指甲，手腕使力，刀尖先刺破腹壁，然后用带划的力使伤口扩至1~1.5cm。下刀时用拇指和食指控制深度，以免误伤内脏。腹壁打开后，用扩张器的拉钩插入切口，扩张器边扩张边用手术刀调整伤口的大小与位置，直至伤口扩张到适当大小为止。

5. 搞破腹膜和寻找并游离睾丸

腹壁撑开后，显露腹膜，用睾丸勺柄挑起腹膜，手术刀顺着勺柄切除腹膜，显露上侧睾丸和肾脏前叶。如是幼嫩仔鸡，可直接用勺柄推开腹膜，打开腹膜后，如鸡禁食时间较长的，可直接显露睾丸；如不见时，用睾丸勺把小肠往腹腔后下侧推移，鸡右脚回缩并向前耸起，这样使腹腔容积增大，睾丸显露更明显。右手持刀柄镊子夹住睾丸白膜并提起，左手握住勺柄并刺破白膜，两手配合，撕开上侧睾丸白膜，然后用镊子夹住睾丸头的韧带，勺柄挑起韧带，两手反向用刀，剔除睾丸头部韧带，游离睾丸头，接着剔除睾丸尾部分系带，游离尾部，上侧睾丸游离后，再游离下侧睾丸，方法如下：用镊子夹住两睾丸之间的隔膜，在无血管处用勺柄尖端插破隔膜，并微用力向前挑起隔膜，刀柄合拢插入捅破处，勺柄和刀柄反向用力把隔膜撕裂，便于下侧睾丸游出。然后用睾丸勺托起下侧睾丸，并前后滑动，一般下侧睾丸头部无韧带，因左侧睾丸头部紧临心脏。如睾丸较细长，须同上侧一样剔除尾部部分系带，以便套取睾丸。

6. 摘除睾丸

右手持捞钩，左手捏住套绳游离端，先摘除上面的睾丸，从睾丸尾部开始套起，方法是：把靠近捞钩的套绳挂住睾丸尾部，右手持捞钩，把捞钩的勾形部从睾丸尾部下侧绕过睾丸至头部，与另一端套绳交叉，然后捞钩柄换至左手，用左手大拇指与食指捏住套绳两端，右手持睾丸勺，用勺的下端按住交叉处，固定睾丸，以防套绳滑出和睾丸向上偏斜，这样的话，套绳在锯割睾丸时不会走位，同时左手利用腕部的左右摆动，拉动套绳上下滑动，用力要均匀，直至锯断睾丸精索，以同样的方法取出对侧睾丸，锯断睾丸时如果有出血，立即用睾丸勺背绞住邻近小肠按压精索断面，直至出血停止，如遇出血较多时，灌服少量冷水，并用冷水浇湿鸡背侧，取出凝血块，松开扩张器，让鸡安静休息。

实验十五　脐疝修补术

【实验目的】

通过实验，使学生掌握脐疝修补术的手术方法。

【实验内容】

脐疝修补术。

【实验材料及器械】

常规软组织切开、止血、缝合等手术器械、丝线、无损伤可吸收线、酒精灯、碘伏缸、剃毛设备、麻醉药、抗生素、生理盐水、注射器、输液器、灭菌手套、手术衣、口罩、帽子等。

【实验对象】

患有脐疝的实验犬。

【实验基础知识】

1. 脐疝简介

各种动物均可发生脐疝，以仔猪、犊牛多见。一般以先天性原因为主，可见于出生时，或者出生后数天或数周，犊牛的先天性脐疝多数在出生后数月逐渐消失，少数病例越来越大。犬、猫在2~4月龄以内常有小脐疝，多数在5~6月龄后逐渐消失。患病原因是脐孔发育不全、没有闭锁、脐部化脓或腹壁发育缺陷。

脐疝时，脐部呈现局限性球肿胀，质地柔软或紧张，疝内容物多为镰状韧带和网膜脂肪，一般没有全身症状。多数病例的疝内容物能还纳腹腔，并可摸到疝轮。有些病例在腹压增大时，脐疝增大，并伴有痛性反应，部分病例皮肤变薄和渗出，之后可能自愈，疝内容物再次还纳腹腔。有些病例只见脐部局限性隆起，但摸不到疝孔。疝内有肠管箝闭或粘连时，动物可表现显著的全身症状，极度不安、疝痛、食欲废绝、呕吐等，不及时救治常引起死亡。

2. 适应症

可复性或箝闭性脐疝。

3. 术前准备

根据脐疝的病因和性质而定。

4. 术式

（1）全身麻醉或局部浸润麻醉，仰卧保定，术部剃毛、消毒，铺设创巾后进行手术。

（2）沿疝囊基部梭形切开皮肤；疝囊很大时，沿基部切开去除皮肤太多，会造成很大张力，此时可先沿皱襞切开皮肤，待缝合时再修剪处理。

（3）分离皮下组织，显露疝轮，辨认疝内容物。若为脂肪，既可打开疝囊还能腹腔，也可紧贴腹壁直接切除；若为脏器或肠管，要仔细切开疝囊壁，检查疝内容物有无粘连和坏死，疝内容物直接还纳腹腔。

（4）修剪或切割疝环，创造新鲜创面，对于犬猫等小动物，可吸收线连续缝合腹白线即可；对于大动物，要用丝线扣状缝合腹壁，而且还要分离囊壁形成左右两个纤维组织瓣，将一侧纤维组织瓣缝在侧疝环外缘上，然后将另一侧的组织瓣缝合在对侧组织瓣的表面上。

（5）修剪皮肤创缘，皮肤结节缝合。腹压大的动物，皮肤张力很大，要对皮肤做减张缝合，必要时两边用乳胶管或纱布卷保持减张。

（6）术部涂布碘伏，腹绷带包扎。

5. 术后护理

小动物术后常规护理；大动物术后不宜喂得过饱，限制剧烈活动，防止腹压增高，术后 10～14d 视皮肤情况拆线。

【实验安排及步骤】

（1）指导教师讲解本次实验的目的、实验内容和注意事项，并提醒学生防止犬咬伤，然后由学生分组独立进行操作，每组要提前安排麻醉监护人员，手术人员和术后护理人员，使每个学生都参与到实验过程中。

（2）至少两名同学实施麻醉，并负责术中麻醉监护和记录。

（3）两名学生分别担任术者和助手，以犬为模型练习脐疝修补术。

（4）手术期间，指导教师和其他同学在旁观摩，指导教师随时指导，并引导同学进行讨论；手术完成后，再轮换其他同学练习。

（5）实验结束后，指导教师组织学生总结本次实验，并安排学生对实验犬进行术后护理。

（6）学生记录实验犬的麻醉、手术过程和术后护理，并写出自己的体会综合后上交实验报告。

实验十六 腹股沟疝修补术

【实验目的】

通过实验，使学生掌握腹股沟疝修补术的手术方法。

【实验内容】

腹股沟疝修补术。

【实验材料与器械】

常规软组织切开、止血、缝合等手术器械、丝线、无损伤可吸收线、酒精灯、碘伏缸、剃毛设备、麻醉药、抗生素、生理盐水、注射器、输液器、灭菌手套、手术衣、口罩、帽子等。

【实验对象】

患有腹股沟疝的实验犬，雌雄兼有。

【实验基础知识】

1. 腹股沟疝简介

因腹股沟缺陷、腹股沟环较大，腹腔内容物经此脱出称为腹股沟疝。腹股沟疝内容物大多为大网膜、前列腺、脂肪、子宫、肠管、结肠，有的甚至是膀胱和脾脏。

腹股沟疝有先天性和后天性两类。先天性脐疝和腹股沟疝还可在同一动物身上发生。公畜比母畜更易发生先天性腹股沟疝，可能是因睾丸推迟下降而使腹股沟延迟变狭之故。犬的后天性腹股沟疝常见，最常发生于中年未绝育的母犬，可能因性激素分泌而改变结缔组织的力量和特性，使腹股沟环变弱或变大。公犬的腹股沟疝主要由于疝环较大、腹压增高造成肠管脱出引起腹股沟阴囊疝。

疝环较大的可复性疝，患病动物无明显临床症状，腹股沟部位可见单侧或双侧质地柔软呈面团状软性肿物，在仰卧触压时可将疝内容物送入腹腔。箝闭性腹股沟疝临床症状明显，动物表现腹痛不安，因食欲废绝、呕吐、脱水，腹部触诊紧张、敏感，腹股沟疝囊内容物触诊质地硬，不能送入腹腔。箝闭时间较长的病例（浅色皮肤）可见皮肤及内容物呈紫黑色，特别是公犬，因肠管通过腹股沟进入阴囊内而形成腹股沟阴囊疝，使精索受压迫，睾丸动、静脉的血液供应、回流受阻，引起睾丸及精索坏死，如不及时发现治疗可造成犬的死亡。

2. 适应症

可复性或箝闭性腹股沟疝。

3. 术前准备

根据腹股沟疝的病因和性质而定。

4. 术式

（1）全身麻醉，仰卧保定，术部剃毛、消毒、铺设创巾后进行手术。

（2）沿腹股沟方向皱襞切开腹股沟环腹侧的皮肤，长3～5cm，分离皮下组织，显露腹股沟外环与鞘膜管（公）或鞘突（母），此时可在腹股沟环后端见到进出腹腔的大血管。

（3）剪开鞘膜管（公）或鞘突（母），仔细分离疝内容物，还纳腹腔。若是箝闭性疝，则要扩大疝环后还纳内容物；若内容物为肠管或子宫，已发生严重粘连或坏死时，要行部分肠切除术或卵巢子宫摘除术；如是公犬，精索、睾丸、鞘膜已坏死时应进行结扎后摘除睾丸。

（4）闭合疝环时，将疝环用丝线或可吸收线扣状缝合，必要时补加结节缝合；疝环不能完全闭合，注意疝环后端进出腹腔的大血管和公犬的精索。对于多余的鞘突或已切除睾丸的鞘膜管，可经贯穿结扎去除；未切除睾丸的病例，可吸收线结节缝合鞘膜管切口，注意，在大动物，要将腹股沟内环和外环分别闭合。

（5）可吸收线结节缝合皮下组织，结节缝合皮肤。涂布碘酊，腹绷带包扎。

5. 术后护理

小动物术后常规护理，大动物术后不宜喂得过饱，限制剧烈活动，防止腹压增高，术后10～14d视情况皮肤拆线。

【实验安排及步骤】

（1）指导教师讲解本次实验的目的、实验内容和注意事项，并提醒学生防止被犬咬伤，然后由学生分组独立进行操作，每组要提前安排麻醉监护人员，手术人员和术后护理人员，使每个学生都参与到实验过程中。

（2）至少两名同学实施麻醉，并负责术中麻醉监护和记录。

（3）两名学生分别担任术者和助手，以犬为模型练习腹股沟疝修补术。

（4）手术期间，指导教师和其他同学在旁观摩，指导教师随时指导，并引导同学进行讨论；手术完成后，再轮换其他同学练习。

（5）实验结束后，指导教师组织学生总结本次实验，并安排学生对实验犬进行术后护理。

（6）学生记录实验犬的麻醉、手术过程和术后护理，并写出自己的体会综合后上交实验报告。

实验十七　犬会阴疝修补术

【实验目的】

通过实验，使学生掌握犬会阴疝修补术的手术方法、并发症和术后护理。

【实验内容】

犬会阴疝修补术。

【实验材料与器械】

常规软组织切开、止血、缝合等手术器械、丝线、无损伤可吸收线、导尿管、酒精缸、碘伏缸、剃毛设备、麻醉药、抗生素、生理盐水、注射器、输液器、灭菌手套、手术衣、口罩、帽子等。

【实验对象】

患有会阴疝的实验犬，雄性。

【实验基础知识】

1. 犬会阴病简介

会阴疝是由于盆膈膜缺陷，腹膜及腹腔脏器向骨盆腔后结缔组织凹陷内突出，以致向会阴部皮下脱出。疝内容物常为膨大的直肠、网膜脂肪、前列腺、膀胱 或肠管等，多见于6岁以上未做去势的公犬，左、右两侧均可发生，右侧常见。

会阴疝的发生是多因素作用的结果，其发生原因主要包括：老龄犬长时间便秘；荐坐韧带松弛；直肠畸形、直肠憩室及黏膜损伤；会阴部肌肉（尾骨肌、肛提肌等）萎缩；公犬雄性激素分泌失调；前列腺增生、前列腺肿瘤等。

2. 适应症

单侧或双侧会阴疝。

3. 术前准备

术前禁食2~3d，不限饮水。术前一天温肥皂水灌肠，清理消化道，去除积粪。对疝内容物为膀胱的病例，要膀胱内插入导尿管再等待手术。积极调整体况，行输液等支持疗法。

4. 术式

（1）全身麻醉，术部剃毛。清理直肠内粪便和肛囊内容物，肛门内塞入棉球，荷包缝合，打活结。导尿，暂时留置导尿管。

（2）小手术台俯卧保定，前低后高，耻骨下垫一 10cm 高的软垫，后肢在小手术台后缘固定，尾巴前拉固定。术部消毒，铺设创巾后进行手术。

（3）在肛门右侧 2cm 弧形切开皮肤，上起尾根，下至坐骨腹侧或疝囊底部。分离皮下组织，显露疝囊。切开疝囊，有时会有浆液性液体流出，继续分离，还纳疝内容物，分清术部肌肉：内侧是肛门外括约肌，背外侧是肛提肌、尾骨肌，腹侧是闭孔内肌；触摸感知背外侧的荐坐韧带。从坐骨后缘向前分离闭孔内肌（不能触过闭孔的后缘），用丝线 3 ~5 个结节缝合内侧的肛门外括约肌与背外侧的肛提肌、尾骨肌和荐坐韧带），可吸收线 1 ~2 个近远—远近缝合内侧的肛门外括约肌与腹侧掀起的闭孔内肌，可吸收线结节缝合皮下组织，结节缝合皮肤。

（4）按同样的方法，行左侧会阴疝修补术。

（5）打开肛门荷包缝合线，取出棉球，直肠检查，确认缝线未穿透直肠黏膜。若为双侧会阴疝修补术，最好保留肛门荷包缝合，以免脱肛，但要收紧打结前肛门内插人注射器针帽，以便留 8mm 大小的排泄孔。去除暂时留置的导尿管。

（6）仰卧保定，行睾丸切除术。

（7）术部涂布碘伏，包扎。

5. 术后护理和并发症

术后 3 ~5d 内控制饮食，饲喂营养膏，并行输液等支持疗法；调控饮食，饲喂易消化、低残渣食物，减少粪便量，减少排便时的努责；同时，避免激动或与其他犬打闹，减少努责。创口离肛门很近，易受粪便污染而感染，要及时清理粪便污物。术后积极治疗，行抗生素和止痛疗法。术后 4 ~5d 拆除肛门荷包缝合线；术后 12 ~14d 视皮肤情况拆线。

常见并发症：创口渗血、渗出、肿胀、感染；脱肛、里急后重、大便失禁；排尿异常；坐骨神经麻醉、复发等。

【实验安排及步骤】

（1）指导教师讲解本次实验的目的、实验内容和注意事项，并提醒学生防止犬咬伤，然后由学生分组独立进行操作，每组要提前安排麻醉监护人员、手术人员和术后护理人员，使每个学生都参与到实验过程中。

（2）至少两名学生实施麻醉，并负责术中麻醉监护和记录。

（3）两名学生分别担任术者和助手，练习犬会阴疝修补术。

（4）手术期间，指导教师和其他同学在旁观摩，指导教师随时指导，并引导同学进行讨论；手术完成后，再轮换其他同学练习。

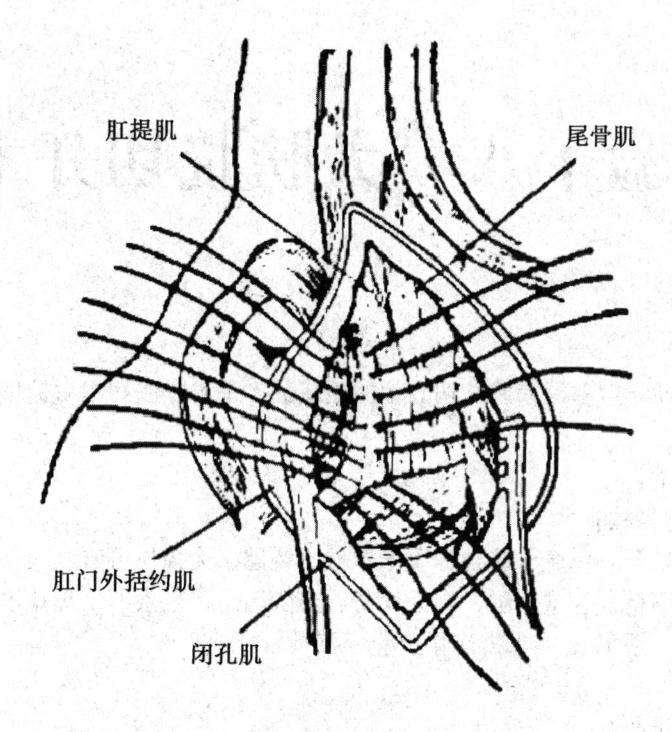

图 17－1　结节缝合疝环周围肌肉示意图

（5）实验结束后，指导教师组织学生总结本次实验，并安排学生对实验犬进行术后护理。

（6）学生记录实验犬的麻醉、手术过程和术后护理，并写出自己的体会，综合后上交实验报告。

实验十八　犬膀胱切开术

【实验目的】

通过实验，使学生掌握犬膀胱切开术的适应症、手术方法和术后护理。

【实验内容】

犬膀胱切开术。

【实验材料与器械】

常规软组织切开、止血、缝合等手术器械、锐匙、无损伤可吸收线、导尿管、双腔导尿管和尿袋、酒精缸、碘伏缸、剃毛设备、麻醉药、抗生素、生理盐水、注射器、输液器、灭菌手套、手术衣、口罩、帽子等。

【实验对象】

实验犬，雌雄兼有。

【实验基础知识】

1. 适应症

膀胱或尿道结石、膀胱肿瘤、膀胱破裂等。

2. 木前准备

导尿，将尿道内结石冲至膀胱，并积极纠正和治疗肾后性氮血症。

3. 术式

（1）全身麻醉，术部剃毛，导尿，将尿道内结石冲至膀胱，并排空膀胱内尿液。对于母犬，暂时留置导尿管。

（2）俯卧保定，前高后低，身下铺设吸水材料。术部消毒，铺设创巾后进行手术。

（3）母犬行腹中线切口，显露腹腔后，牵拉出膀胱，纱布隔离。在膀胱顶腹侧无血管区纵向切开膀胱壁，取出大块结石，助手经创巾捏住外阴固定导尿管，使导尿管尖端位于膀胱颈，用大量温热生理盐水将结石冲净。拔除逆行插入的导尿管，经膀胱切口插入另一无菌导尿管，再次冲洗膀胱，确认结石冲净。经膀胱切口向尿道口方向插入一段无菌输液器管，越过外阴少许，引导留置双腔导导尿管。可吸收线连续缝合膀胱黏膜，连续内翻缝合膀胱浆膜肌层（图 18－1）。膀胱还纳腹腔，确认腹腔无遗留物后，可吸收线常规关腹。

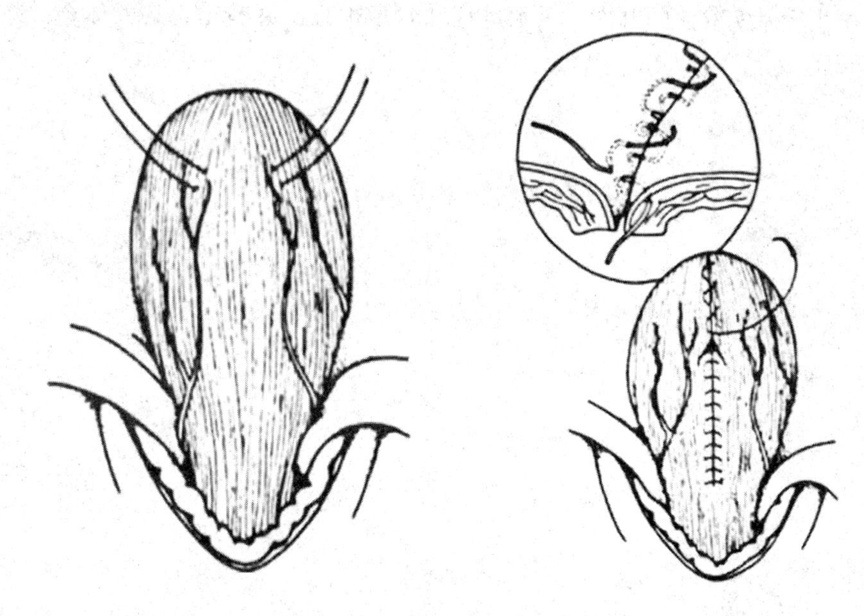

图 18－1　固定、缝合膀胱示意图

（4）公犬行阴茎右侧皮肤和腹白线切口，显露腹腔后，牵拉出膀胱，纱布隔离。在膀胱顶腹侧无血管区纵向切开膀胱壁，助手经尿道口逆行插入导尿管，用大量温热生理盐水将结石冲净。经尿道口逆行插入双腔导管，留置。可吸收线间断伦勃特式或连续伦勃特式或库兴氏缝合膀胱浆膜肌层。膀胱还纳腹腔，确认腹腔无遗留物后，可吸收线常规关腹。

（5）术部涂布碘伏，包扎，固定尿袋。

4. 术后护理

术后输液治疗，纠正体况。注意观察尿袋内的尿量，无尿时及时检查双腔导尿管内有无血凝块阻塞或折转；部分病例可能经尿道口漏尿，注意保持创口干燥。术后 10～14d 视情况皮肤拆线。

【实验安排及步骤】

（1）指导教师讲解本次实验目的，实验内容和注息负项。并提醒学生防止犬咬伤，然后由学生分组独立进行操作，每组要提前安排麻醉监护人员，手术人员和术后护理人员，使每个学生都参与到实验过程中。

（2）至少两名学生实施麻醉，并负责术中麻醉监护和记录。

（3）两名学生分别担任术者和助手，练习公犬和母犬膀胱切开术。

（4）手术期间，指导教师和其他间学在旁观摩，指导教师随时指导，并引导同学进行讨论；手术完成后，再轮换其他同学练习。

(5) 实验结束后，指导教师组织学生总结本次实验，并安排学生对实验犬进行术后护理。

(6) 学生记录实验犬的麻醉、手术过程和术后护理，并写出自己的体会，综合后上交实验报告。

实验十九　公猫会阴部尿道造口术

【实验目的】

通过实验，使学生掌握公猫会阴部尿道造口术的适应症、手术方法和术后护理。

【实验内容】

公猫会阴部尿道造口术。

【实验材料与器械】

常规软组织切开、止血、缝合等手术器械、矫形镊、4－0 无损伤可吸收线、8 号导尿管、8 号双腔导尿管和尿袋、利多卡因凝胶、酒精缸、碘伏缸、红霉素软膏、剃毛设备、麻醉药、抗生素、生理盐水、注射器、输液器、灭菌手套、手术衣、口罩、帽子等。

【实验对象】

实验猫，雄性。

【实验基础知识】

1. 猫尿道的局部解剖

公猫的尿道分为骨盆部尿道和阴茎部尿道两部分，前者位于骨盆腔内，后者则位于阴茎内，二者以肛门外括约肌腹侧的尿道球腺为界。公猫的阴茎在阴囊和睾丸下方，朝向后腹侧。阴茎部尿道相对狭窄，易发生阻塞。阴茎与坐骨弓之间通过成对的坐骨海绵体肌、成对的阴茎脚、成对的坐骨尿道肌和单一的阴茎韧带联系。阴茎的背正中侧是阴茎退缩肌，与肛门外括约肌联系。

2. 适应症

各种原因导致的猫阴茎部尿道阻塞、尿道狭窄和阴茎损伤、肿瘤等。

3. 术前准备

根据临床检查和血液学检查综合评估猫的全身状况，特别是确认肾功能正常。对于病情严重、体况差的动物，术前要极调整体况，补充血容量和调整酸碱平衡。

4. 术式

（1）全身麻醉，臀股部、尾根部和会阴部剃毛；清理直肠粪便和肛囊内容物，肛门内塞入棉球。

（2）患猫小手术台俯卧保定，呈前低后高姿势，尾巴前拉。沿阴囊基部周围画好预定切开线，切口顶端距肛门1～1.5cm。术部消毒后，铺设创巾后进行手术。

（3）常规公猫去势，精索自身打结。

（4）沿阴囊和包皮两侧的预定切开线椭圆形切开皮肤，分离，去除阴囊和包皮，钳夹切口腹侧的阴囊动脉止血。

（5）紧贴阴茎向坐骨方向分离，显露阴茎的坐骨结合部和尿道球腺。拉住阴茎，紧贴坐骨剪断两侧的坐骨海绵体肌和坐骨尿道肌与腹侧的阴茎韧带，并伸入手指钝性分离，使阴茎游离（剪到阴茎脚时，出血会较多）。分离剪断阴茎背正中的阴茎退缩肌，至尿道球腺（肛门外括约肌）即可。

（6）从尿道口沿阻茎部尿道的背正中线剪开，显露尿道黏膜。至刚过尿道球腺处到达骨盆部尿遗为止，此时可通畅地插入8号导尿管。

（7）将阴茎部尿道近端的尿道黏膜与周围皮肤使用4－0无损伤可吸收线结节缝合，两侧各4～5针后截断1/3的阴茎，然后再将余下的尿道黏膜与周围皮肤缝合（截断阴茎后，阴茎断端出血较多，可褥式缝合后再与切口腹侧的阴囊动脉结扎缝合。有时，在结石或导尿等的刺激下，尿道黏膜损伤严重，致使缝合难度加大。）

（8）拔出8号导尿管，经造口处插入8号双腔导尿管，留置。取出肛门内棉球。

（9）术部涂布红霉素软膏，包扎，固定尿袋。

5. 术后护理

佩戴伊丽莎白圈，防止猫舔舐创口。用碎纸条等软物代替猫砂。使用抗生素和局部处理创，防止感染。术后10～14d拆线。

【实验安排步骤】

（1）指导教师讲解本次实验的目的、实验内容和注意事项，并提醒学生防止猫抓伤，然后由学生分组独立进行操作，每组要提前安排麻醉监护人员、手术人员和术后护理人员，使每个学生都参与到实验过程中。

（2）至少两名学生实施麻醉，并负责术中麻醉监护和记录。

（3）两名学生分别担任术者和助手，练习公猫会阴部尿道造口术。

（4）手术期间，指导教师和其他同学在旁观摩，指导教师随时指导，并引导同学进行讨论；手术完成后，再轮换其他同学练习。

（5）实验结束后，指导教师组织学生总结本次实验，并安排学生对实验猫进行术后护理。

（6）学生记录实验猫的麻醉、手术过程和术后护理，并写出自己的体会，综合后上交实验报告。

实验二十 犬尿道造口术

【实验目的】

通过实验，使学生掌握公犬尿道造口术的适应症、手术方法和术后护理。

【实验内容】

公犬阴囊基部和会阴部尿道造口术。

【实验器材与器械】

常规软组织切开、止血、缝合等手术器械、矫形镊、无损伤可吸收线、导尿管、双腔导尿管和尿袋、利多卡因凝胶、酒精缸、碘伏缸、红霉素软膏、剃毛设备麻醉药、抗生素、生理盐水、注射器、输液器、灭菌手套、手术衣、口罩、帽子等。

【实验对象】

实验犬，雄性。

【实验基础知识】

1. 犬尿道的局布解剖

公犬的尿道分为膜性尿道和阴茎部尿道两部分，前者位于骨盆腔内，后者则位于阴茎内。阴茎分为阴茎根、阴茎体和龟头，龟头内有一长形阴茎骨。阴茎骨腹侧中央有一凹沟，包绕尿道从此通过，因此阴茎骨后端处尿道是阻塞或决窄的常见部位。

2. 适应症

各种原因导致的犬尿道阻塞、尿道狭窄和阴茎损伤、肿瘤等。

3. 术前准备

根据临床检查和血液学检查综合评估患犬的全身状况，特别是确认肾功能正常。对于病情严重、体况差的动物，术前要积极调整体况，补充血容量和调整酸碱平衡。

4. 术式

(1) 阴囊基部尿道造口术

①全身麻醉，仰卧保定，后腹部和会阴部剃毛，尽量经尿道口逆行插入导尿管。术部消毒，铺盖创巾后进行手术。

②沿阴囊基部椭圆形切开皮肤，分离，去除阴囊皮肤，切开总鞘膜，切除双侧睾丸。精索自身打结，精索残端退回腹腔。分离鞘膜管，可吸收线结扎后紧贴阴茎切断，去除多余的梢膜管。

③分离，辨认阴茎退缩肌，并拉向一侧，显露阴茎。创巾钳钳夹阴茎牵拉，使阴茎紧张。触摸尿道中的导尿管，在切口的偏后侧切开阴茎腹正中侧的尿道海绵体和尿道，扩大切口至2cm左右（尿道切开的长度一般为尿道腔直径的5~8倍）。松开创巾钳。

④先将切开的近端尿道黏膜与围皮肤用4-0可吸收无损伤线结节缝合，切口前侧的多余皮肤切口结节缝合。

⑤经造口处插入双腔导尿管，留置。创口涂布红霉素软青，包扎，固定尿袋。

(2) 会阴部尿道造口术

①全身麻醉，仰卧保定，后腹部和会阴部剃毛，尽量经尿道口逆行插入导尿管。术部消毒，铺盖创巾后进行手术。

②紧贴阴囊基部向后，沿正中线切开皮肤3~4cm。从切口的前端行双侧睾丸摘除术，精索自身打结。

③分离，辨认阴茎退缩肌，并拉向一侧。从正中线切开球海绵体肌，分离，显露尿道海绵体。创巾钳钳夹阴茎牵拉，使阴茎紧张。触摸尿道中的导尿管，在切口的偏后侧切开阴茎腹正中侧的尿道海绵体和尿道，扩大切口至2cm左右。松开创巾钳。

④将切开的尿道黏膜与周围皮肤用4-0可吸收无损伤线结节缝合。

⑤经造口处插人双腔导尿管，留置。创口涂布红霉素软膏，包扎，固定尿袋。

5. 术后护理和并发症

佩戴伊丽莎白圈，防止犬舔舐创口。使用抗生素和局部处理创口，防止感染。术后10~14d拆线。

创口可能会有较长时间的间断性出血，注意压迫止血，建议饲喂易消化低残渣食物，减轻排便时的努责；同时避免激动和与其他犬打闹等。可能发生尿道膀胱和排尿痛。

【实验步骤】

(1) 指导教师讲解本次实验的目的、实验内容和注意事项，并提醒学生防止被犬咬伤，然后由学生分组独立进行操作，每组要提前安排麻醉监护人员、手术人员和术后护理人员，使每个学生都参与到实验过程中。

（2）至少两名学生实施麻醉，并负责术手术中麻醉监护和记录。

（3）两名学生分别担任术者和助手，练习公犬阴囊基部和会阴部尿道造口术。

（4）手术期间，指导教师和其他同学在旁观摩，指导教师随时指导，并引导同学行讨论；手术完成后，再轮换其他同学练习。

（5）实验结束后，指导教师组织学生总结本次实验，并安排学生对实验犬进行术后护理。

（6）学生记录实验犬的麻醉、手术过程和术后护理，并写出自己的体会，综合后上交实验报告。

实验二十一　分娩预兆及接产

【实验目的】

1. 认识正常分娩。
2. 观察动物正常分娩过程。
3. 掌握正常分娩的接产方法及其注意事项。

【实验内容】

1. 观察分娩的预兆。
2. 掌握接产的准备工作。

3 掌握分娩过程的及接产方法。

【实验对象】

牛、猪、羊。

【实验材料和器材】

消毒剂、酒精、碘伏、石蜡油、肥皂、脸盆、刷子、毛巾、白布或塑料布、细绳、剪刀、产科绳等。

【实验方法与步骤】

1. 分娩预兆的观察

(1) 乳房变化：乳房胀大，有的家畜（牛）乳房底部出现水肿，乳头变粗大，并可挤出初乳（乏弱消瘦的母畜不一定能挤出），牛等家畜临产前有漏乳现象。

(2) 软产道变化：阴唇肿大、松弛；阴道壁松软，并且变短，黏膜潮红，黏液由原来的浓厚、黏稠，变为稀薄、滑润；子宫颈肿大，宫颈轻度张开（在牛可伸入两个以上的手指）。

(3) 骨盆变化：荐坐韧带松软（牛、羊明显）、塌陷，其后缘更为明显；荐髂韧带也变柔软，荐骨后端的活动性增大；尾根的活动性增大（羊明显，牛不明显）。

(4) 行为变化：母畜不安，在僻静的角落起卧、徘徊，回顾腹部，拱背抬尾，频频排出粪尿；散养猪分娩前衔草做窝，规模化猪场母猪分娩前咬产床等不安行为。

2. 接产的准备工作

分娩前先将牛的尾根用绷带缠绕挂于躯干的一侧。然后用温肥皂水将外阴部及肛门

附近彻底洗净，并用消毒剂冲洗后擦干，接产人员消毒手臂；在进行以上两项工作之前，还应清理产房场地。

3. 分娩过程的观察及接产方法

（1）母畜开始分娩时，先检查它的体温、呼吸、脉搏等全身状况，并观察其努责的频率、强度及努责时的卧姿是否正常。

（2）记录开始努责的时间。

（3）对牛助产时，在胎膜露出或胎水排出后，应立即将手臂消毒后伸入产道，检查胎向、胎位及胎势。

（4）若胎膜未破，可隔着胎膜进行检查。如果一切正常，可等待母畜自行排出，否则需酌情采取适当措施，防止发生难产。不可过早拉出胎儿，但在倒生时应立即撕破胎膜，握住后腿及早拉出。因为牛倒生时，脐带可能被挤压于胎儿和骨盆之间，妨碍血液流通，应迅速拉出胎儿，以免胎儿供氧受阻，反射性地发生呼吸，吸入羊水，引起窒息。

（5）观察露出的胎膜：在牛，先显露出来的多为羊膜绒毛膜，薄而白。有时尿膜绒毛膜先突出来，破水后才见尿膜羊膜囊，其中有淡黄色或褐色尿水。

（6）当胎儿唇部或头部露出阴门外时，如果上面覆盖有羊膜，可把它撕破，并把胎儿鼻孔内的黏液擦净，以利呼吸。但也不要过早撕破羊膜，以免羊水过早流失。

（7）在胎儿头部通过阴门有困难时，应轻拉胎儿，给予帮助。牵引时必须沿着骨盆轴的方向，并和母畜的努责协调一致；同时应注意保护会阴，如有破裂的可能，应以两手按住阴唇上方及两侧加以保护（若有胎膜露出，可将它翻开，盖在阴唇上，避免手直接接触阴唇黏膜）。

（8）记录胎儿排出时间：在猪、羊尚应注意产仔的间隔时间。

（9）新生仔畜的护理：胎儿排出后应尽快促使其呼吸。为此，首先需除去并擦净鼻腔及口腔中的黏液，注意它有无呼吸，如无呼吸，可以有节律地轻按其腹部，使其横隔膜活动，促使呼吸；在羊和猪还可以将其侧提轻斜并拍其腹部。有条件时对呼吸异常的仔畜可及时输氧。

用布擦干（猪）或让母畜舔干（牛、羊）仔畜身上的黏液，天冷时尤需注意，不要擦羊羔的头颈及背部，否则母羊可能不认羊羔。

扶助仔畜站立，并帮助吃奶。新生仔畜产出后不久即试图站起，宜加以扶助。偶尔有的头胎牛因不认仔或不习惯，拒绝仔畜吮乳，这时帮助仔畜吃奶，并防止母畜伤害它们。

（10）处理脐带：牛、羊胎儿产出时，脐带一般均被自行扯断。脐带未断时要进行处理，其法是先在脐带上遍涂碘伏，一只手在离脐孔较远处将脐带握住，另一只手向胎儿方向捋压脐带，使脐带中的积血尽可能地流入胎儿体内，至脐动脉停止搏动后为止；然后用消毒过的剪刀剪断；最后在脐带断端及脐孔周围充分涂擦碘伏。脐带断端不宜留得太长。小牛的尤应留短，因为它们常因寻找奶头而误将彼此的脐带残端吮坏。猪也同样。断脐后如持续出血，必须加以结扎。

（11）母畜产后的护理：母畜分娩完毕，应将它的外阴部、臀部及后腿上黏附的胎水及污物擦净。如果一切情况正常，则对产畜给予清洁温热的饮水（有条件时，其中加些红糖、麸皮更好）；并清除产房地面上污物及更换褥草。

（12）注意胎衣的排出，并记录胎衣排出时间（牛羊胎衣排出缓慢，可以在事后了解）。对于其他家畜，也必须尽可能进行检查，以便确定正常与否。检查胎衣应注意两点，即有无病理变化和排出是否完全。检查方法是先将胎衣展开、理顺，认出体与角，并确定其上下及左右方向（胎衣的形状与子宫相符）。检查绒毛膜的外面、尿膜的内面及脐带，注意有无病理变化。除了胎儿通过时所造成的破口外，如果还发现其他破口，要注意胎衣是否缺损（可能残留在子宫内）。确定缺损的方法是将破口对拢，观察两个边缘及其血管是否能够完全吻合。如果两侧边缘能整齐的对拢，则证明只有胎儿裂缝，否则说明缺少一部分。如果确证胎衣有缺损，应当再将手臂充分消毒后，伸入子宫，按照它在子宫内的位置（由胎衣上破损的位置来决定），将它找到剥离后取出。

实验二十二 矫正术及牵引术

【实验目的】

1. 了解矫正胎儿异常姿势。
2. 了解拉出胎儿的方法。
3. 以便为某些常见难产施行手术助产。

【实验内容】

1. 掌握牵引术。
2. 掌握矫正术。

【实验对象】

牛或羊怀孕后期的胎儿标本；牛或羊的骨盆标本。

【实验材料和器材】

拉出胎儿（正生及倒生）的正确及错误方法图；胎头侧弯及矫正方法图；胎头下弯（额部前置、项部前置及颈部前置）及其矫正方法图；肩部前置及其矫正方法图；腕部前置及其矫正方法图；坐骨前置及其矫正方法图；跗部前置及其矫正方法图；正生侧位、下位及其矫正方法图；倒生侧位、下位及其矫正方法图；有关矫正及拉出难产胎儿的录像带。

【实验方法与步骤】

1. 牵引术

牵引术是指用外力将胎儿拉出母体产道的助产手术，其适应症、方法及注意事项参见教材。

正生时，牵引两前腿和头，当两前腿和头已经通过阴门时，可只牵引两前腿。牵引时，在两前腿球节之上拴上绳子，由助手拉腿。术者把拇指从口角伸入口腔，握住下颌。对于羊，还可将中、食二指弯起来夹在下颌骨体后，用力拉头。球节上拴绳子时一定要拴紧，以免绳子下滑到蹄部，将蹄部拉断。牵引的路线必须与骨盆轴相符合。在努责开始时或胎儿的前置部分尚未进入骨盆腔时，牵引的方向应是向上向后，以便使胎儿的前置部分越过耻骨前缘进入产道。为了帮助拉头，在活胎儿可用推拉梃或小家畜产科套将绳子套在耳后拉头。使用推拉梃时，梃叉必须放在下颌之下，使绳套由上向下成为斜的，避免绳套紧压胎儿的脊髓和血管，引起死亡。亦可将产科绳套住头，然后把绳移至口中，避免绳子滑脱（图 22－1）。

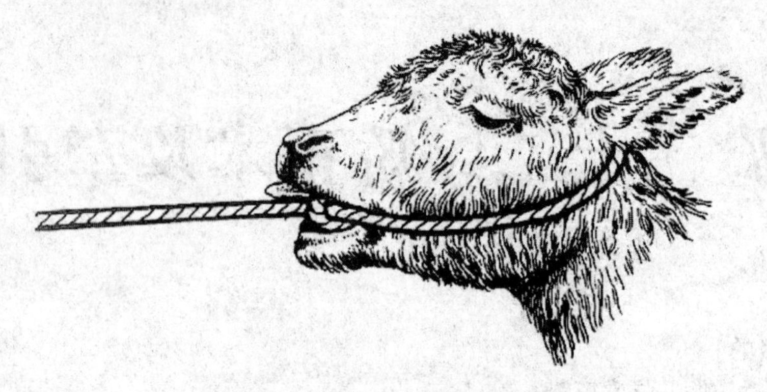

图 22－1　拉出胎儿的套头法

胎儿身体露出阴门外而骨盆部进入母体骨盆入口处时，拉的方向要使胎儿躯干的纵轴成为向下弯的弧形，必要时还可以向下向一侧弯，或者略为扭转已经露出的躯体，使其臀部成为轻度侧位，以便与母体骨盆的最大直径相适应。如果母畜站立，还可以向下并先向一侧，再向另一侧轮流拉。在青年母牛，有时胎儿臀部不易通过母体骨盆入口，用上述拉法，可以克服这种困难，待臀部露出后，马上停止拉动，让后腿自然滑出，以免猛然拉出时，引起子宫脱出（图 22－2）。

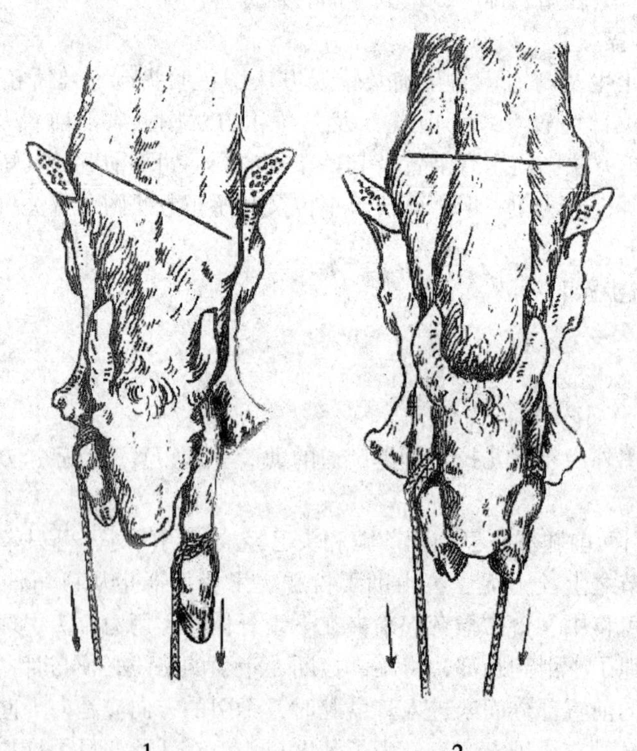

图 22－2　正生过大胎儿的拉出法

1. 拉出方法正确　2. 拉出方法错误

倒生时，也可在两后肢飞节上套上绳子，轮流拉两条腿，以便两髋结节稍微斜着通过骨盆。如果胎儿臀部通过母体骨盆入口受到侧壁阻碍（入口的横径较窄），可利用母体骨盆入口的垂直径比胎儿臀部的最宽部分（两髋结节之间）大的特点，扭转胎儿的后腿，使其臀部成为侧位，便于胎儿通过。

在猪，正生时可用中指及拇指掐住两侧上犬齿，并用食指按、拉住鼻梁拉胎儿（图22－3）。如有可能，也可掐住两眼眶拉，或用产科套拉。倒生时，可将中指放在两胫部之间握住两后腿跖部，这种握法很牢，不至滑脱（图22－4）。拉出头几个胎儿困难不大，以后的胎儿则需等待很长时间，或注射催产素，待它们移至手能抓到时再掏。

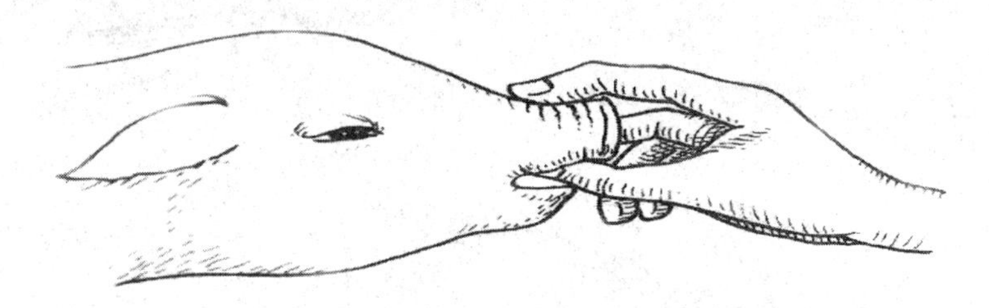

图22－3　掐住两侧上犬齿拉小猪

图22－4　用手握住倒生小猪后腿的方法

2. 矫正术

矫正术指通过推、拉、翻转、矫正或拉直胎儿四肢的方法，把异常胎向、胎位及胎势矫正到正常的手术。矫正术的适应症、使用方法及注意事项参见教材。

(1) 胎头侧弯及矫正方法

主要实验以下4种常用的矫正方法：

①用活结缚住下颌齿槽间隙，并用手拉胎儿唇部（图22－5）。

②用单滑结缚住胎头拉正（图22－6）。

③用长柄产科钩勾住眼眶，拉正胎头（图22－7）。

④用推拉梃矫正胎头。

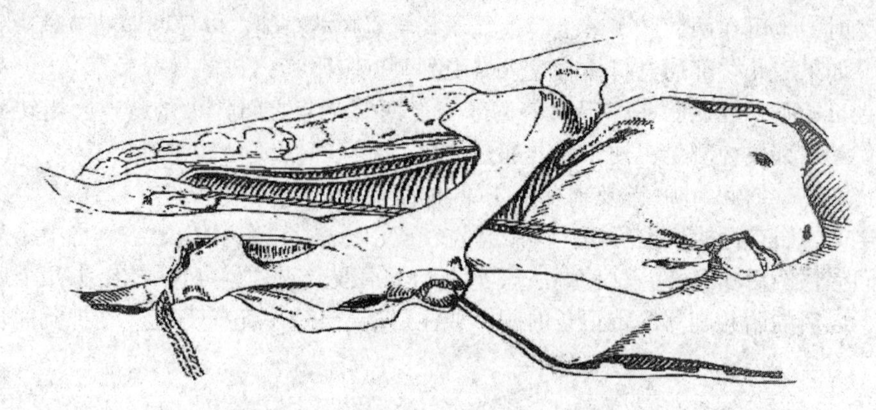

图 22－5　头颈侧弯时，用绳拉下颌的方法

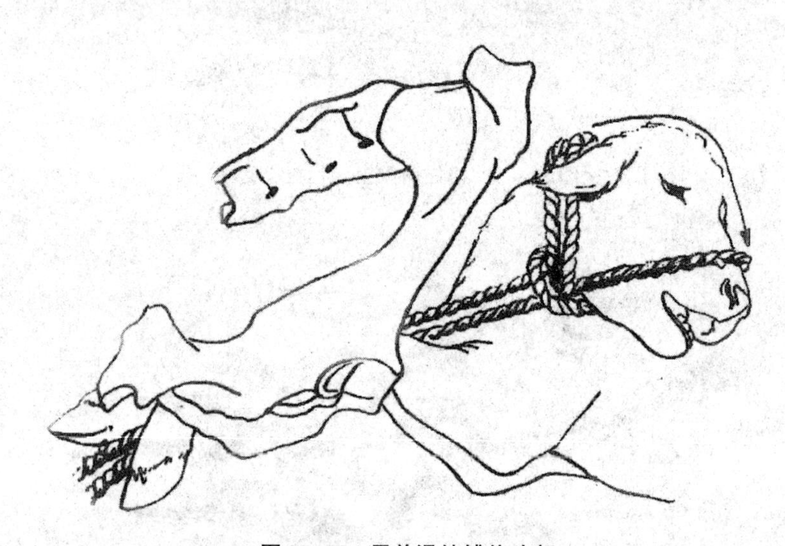

图 22－6　用单滑结缚住头部

图 22－7　头颈侧弯时，用产钩勾住眼眶

(2) 胎头下弯及其矫正方法

实验以下 3 种常用的矫正方法：
①用产科绳矫正颈部前置的胎头。
②用推拉梃矫正颈部前置或额部前置的胎头。
③徒手或用产科绳矫正颈部前置的胎头（图 22－8）。

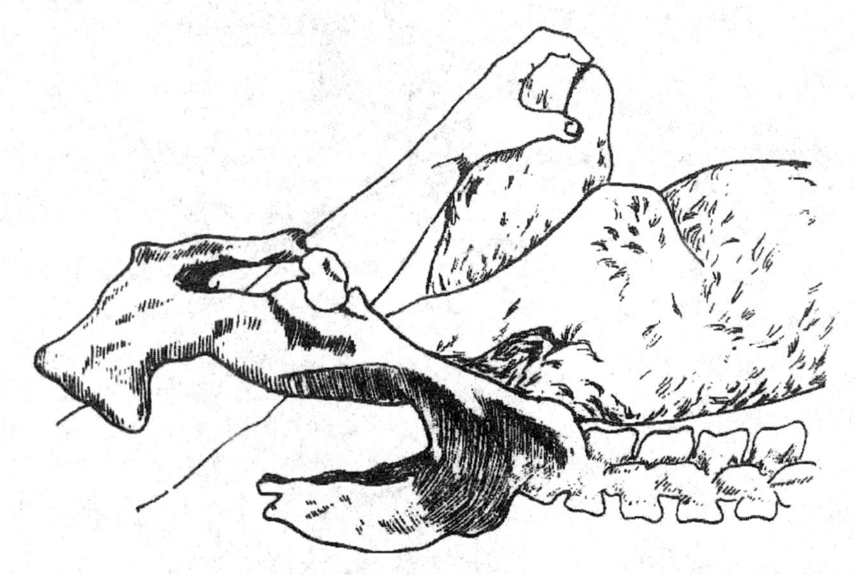

图 22－8　项部前置时，仰卧保定母畜，矫正下弯胎头

④用产科绳拉直前腿（图 22－9）。

(3) 肩部及腕部前置矫正方法

实验以下 5 种常用的矫正方法：
①徒手矫正肩部前置（图 22－10）。
②用推拉梃矫正肩部前置。
③徒手矫正腕部前置（图 22－11）。
④用产科绳矫正腕部前置（图 22－12）。
⑤用推拉梃矫正腕部前置。

(4) 坐骨及跗部前置及矫正方法

采用与矫正肩部及腕部前置的同样方法。

(5) 正生侧位及下位的矫正方法

①以逆时针方向向上举抬胎儿鬐甲部同时扭正胎头及前腿的矫正方法。
②用拇指及中指捏住眼眶扭转胎儿的矫正方法。
③用手握住下颌骨体，以逆时针方向翻转胎头，并交叉拉两前腿的矫正方法。

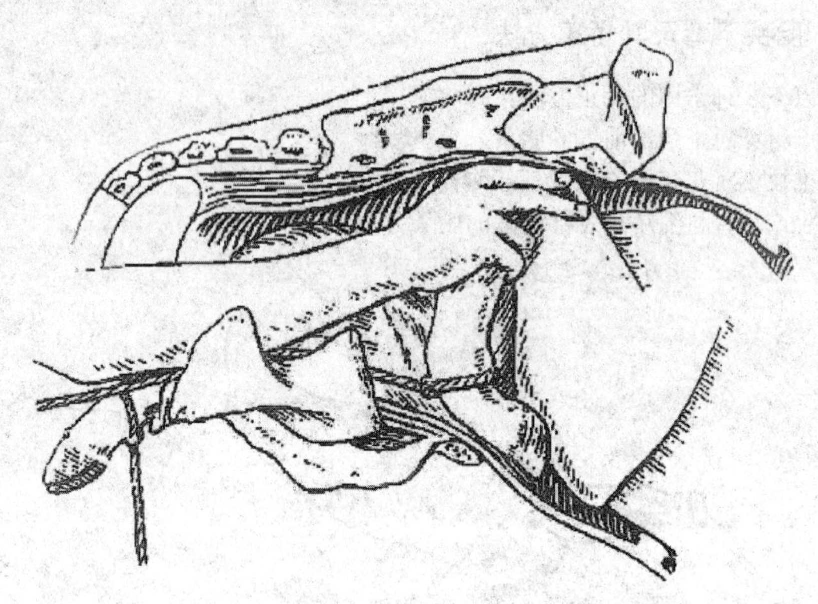

图 22－9　用产科绳拉直前腿

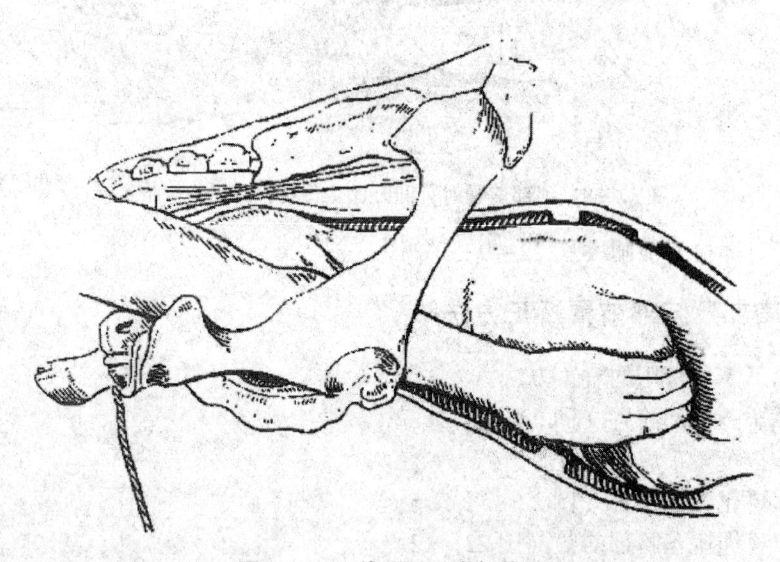

图 22－10　徒手矫正肩部前置

④用产科钩勾住眼眶向对侧扭转，同时用手翻转胎头的矫正方法。

⑤用扭正梃矫正侧置胎头的方法。

（6）倒生侧位、下位及矫正方法

①用手向上抬举髋关节或膝关节，同时向对侧拉上面一条腿的矫正方法。

②拉位置较高的一条后腿，同时用手向上抬举位置较低的对侧髋关节，将下位变成侧位的矫正方法。

③捆绑两后肢，用木棒扭转的矫正方法。

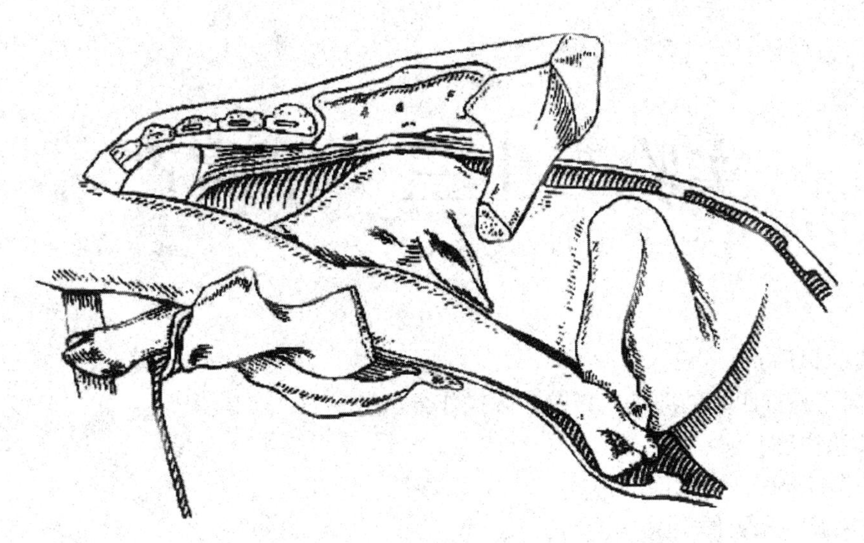

图 22－11　用手矫正腕关节屈曲

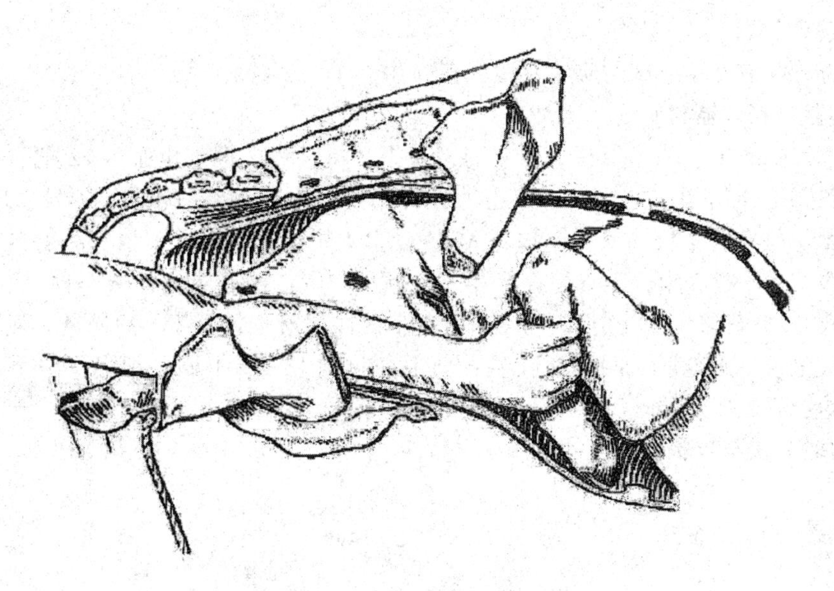

图 22－12　用产科绳及手拉直前腿

④经产道固定两后肢，翻转母体矫正下位及侧位的方法。

实验二十三　剖腹产

【实验目的】

掌握家畜剖腹产的准备工作及实际操作方法。

【实验内容】

1. 掌握剖腹产的术前准备。
2. 掌握手术操作步骤。
3. 掌握剖腹产的术后处理。

【实验对象】

即将分娩或怀孕末期的实验专用家畜（牛、羊、猪等）。

【实验材料和器材】

手术刀柄2把、手术刀片3个、剪刀3把、持针钳2把、止血钳12把、有齿及无齿镊子各2把、创钩2把、巾钳8把、各种缝针若干、缝线（4号、7号、10号、18号）若干、纱布若干块（其中一块特大）、创巾1块、有钩探针1根、注射器若干、塑料布1块、手术盘3个；消毒药物（氨水、新洁尔灭、洗必泰等任选一种）、碘伏、酒精、药棉、2%普鲁卡因注射液、0.5%普鲁卡因注射液、氯丙嗪、静松灵、强心药、止血药、抗生素、土霉素或四环素胶囊；剪毛剪、剃毛刀、手刷、肥皂、洗手盆、体温表、听诊器以及保定器械等。

【实验方法与步骤】

1. 术前准备

①施术场地的选择：应在手术台上或选择洁净干燥的场地进行手术。

②家畜的准备：术部剃毛、清洗、消毒，并检查全身情况。

③保定：一般为左侧或右侧，亦可站立保定。侧卧保定时，腹下必须垫一块塑料布。

④麻醉：在牛、羊可施行硬膜外麻醉或腰旁、椎旁传导麻醉，或用静松灵肌注，亦可施行电针麻醉。

2. 手术步骤

（1）教师讲解剖腹手术适应症、术前准备

①手术人员的分工、保定方法和麻醉种类的选择、手术通路及手术进程。

②术前家畜的事项，如禁食、导尿、胃肠减压等。

③可能发生的手术并发症，预防和急救措施，如虚脱休克、窒息、大出血等；特殊药品和器械的准备。

④术后如何护理、治疗和饲养管理等。

⑤观看剖腹手术录像。

（2）实验前对病畜准备（包括禁食、术前补液与强心、术前抗生素的应用）

（3）学生分组进行手术

孕畜保定→麻醉→术部选择（腹侧切开法和腹下切开法）→消毒→切开腹壁→拉出子宫→切开子宫→拉出胎儿→剥离胎衣→缝合子宫→缝合腹壁→术后护理→新生仔畜的护理→脐带处理等流程操作。

3. 术后处理

术后要求学生定时检查病畜全身情况，并注意保持术部清洁，防止感染化脓。若切口愈合良好，术后 8～10d 即可拆除缝线。

实验二十四　胎衣不下的诊治

【实验目的】

1. 认识胎衣不下的症状。
2. 学习了解其治疗方法。
3. 为以后生产实践中进行诊断、治疗打下良好的基础。

【实验内容】

1. 了解患畜的病史以便更好地判断。
2. 掌握胎衣不下的临床检查方法。
3. 掌握如何治疗胎衣不下。

【实验对象】

兽医院或实习农牧场患胎衣不下的病畜（牛）。

【实验材料和器材】

体温计、听诊器、鼻钳、新洁尔灭、石蜡油、塑料长臂手套或医用橡皮手套、塑料围裙、治疗药品。

【实验方法与步骤】

1. 询问病史

主要了解分娩的时间及经过，胎儿是否足月；胎衣排出多少；阴道分泌物的性状及数量；病畜食欲及奶量有无变化；是否做过布鲁氏杆菌检疫（牛、羊），结果如何?

2. 临床检查

仔细观察悬吊于阴门外的胎衣颜色及是否腐败；检查阴道流出的液体的性状、颜色、气味，其中是否含有腐败的胎衣碎块。

对牛外部检查完毕之后，应将手臂彻底消毒，伸入阴道及子宫内检查，注意子宫颈张开程度及胎衣粘连的程度。

此外，尚注意检查全身情况，如体温、呼吸、脉搏、眼结膜以及胃肠活动等。

3. 治疗

在临床上，对胎衣不下的病例主要根据家畜的种类、分娩后经历的时间长短及病畜全身情况来选用适当的治疗方法。

在牛，一般在产出胎儿经过12～18h（夏季要稍微短些），胎衣未下时就应进行治疗。首先可试用促进子宫收缩的药物。对产后超过1d仍然未排除胎衣的病牛，可进行手术剥离。如果时间拖延已久，子宫颈已经收缩，手臂不能进入子宫时，则可采用以子宫内投入广谱抗生素（氯霉素或四环素族抗生素，隔日1次，每次1～2g）为主的一些保守疗法。对有全身症状（体温升高、脉搏增数、胃肠蠕动减弱、食欲减退）的病例，应全身应用抗生素及采用其他的对症疗法。

牛，剥离胎衣之后，应在子宫内置放抗生素，必要时可隔1～2d连用2～3次。

实验二十五　子宫脱出的诊治

【实验目的】

1. 认识子宫脱出的症状。

2. 了解主要的治疗方法。

3. 为今后进行诊疗工作打下良好的基础。

【实验内容】

1. 了解患畜的病史以便更好地判断。

2. 掌握子宫脱落的临床检查方法。

3. 掌握如何治疗子宫脱出。

【实验对象】

兽医院或实习养殖场的病畜。

【实验材料和器材】

体温计、听诊器、鼻钳、注射器、长直缝针（或柄上有孔的探针、较细的麻袋缝针)、外科刀、粗缝针、1%普鲁卡因、0.1%高锰酸钾、3%明矾溶液、抗生素、碘甘油、酒精、碘酊、肥皂、纱布、脸盆、冲洗漏斗、大块塑料布或棉布（抬托子宫用)、手术围裙等。

【实验方法与步骤】

1. 询问病史

主要了解分娩的时间经过（如是否发生了难产、产后努责的强弱、胎衣排出与否等)，发病时间、发病前后母畜的全是情况及饲养管理情况，有无该病的既往史，发病前后是否经过治疗及治疗的方法如何。如系产前发生的脱出，则应了解预产期。

2. 临床检查

仔细检查脱出子宫的大小、性状、色泽，是否水肿、创伤、出血、坏死。若被泥土、粪便污染，则应先用温水清洗干净。如果胎衣尚未脱落，则应将它剥离，并检查胎盘有无损伤及病理变化。如拖出的子宫很大，应仔细触诊其中是否含有肠管、膀胱及血液蓄积。怀疑子宫血断裂或子宫浆膜囊内积有血液时，应进行穿刺检查，并特别注意母畜是否有贫血症状。

此外，尚应仔细检查病畜的全身状况。

牛、羊脱出的子宫都比较大，有时还附有尚未脱离的胎衣。如胎衣已脱离，则可看到黏膜表面上有许多暗红色的子叶（母体胎盘），并极易出血。脱出的孕角旁侧有空角的开口。有时脱出的子宫角分为大小不同的两个部分，大的为孕角，小的为空角，每一角的末端都向内凹陷。脱出时间稍久，子宫黏膜即淤血、水肿，呈黑红色肉冻状，并发生干裂，有血水渗出；寒冷季节常因冻伤而发生坏死；子宫脱出继发腹膜炎、败血症等，患牛（羊）才表现出全身症状。

猪脱出的子宫角很像两条肠管，但比较粗大，且黏膜表面状似平绒，出血很多，颜色紫红；因其有横皱襞，容易和肠管的浆膜区别开来。猪子宫脱出后症状特别严重，卧地不起，反应迟钝，很快出现虚脱症状。

3. 治疗

子宫脱出一旦发生要立即进行整复，以免发生损伤及感染。整复前一边用温和的消毒液将脱出的部分彻底洗干净，同时将尚未脱落的胎衣剥离。子宫黏膜上的伤口应涂以碘甘油或复方碘溶液，创口大或出血时，必须进行缝合及止血。

整复顺利与否的关键是能否将母畜的后躯抬高。后躯越高，腹腔器官越向前移，骨盆腔的压力越小，整复时的阻力就越小，操作起来越顺利。发生子宫脱出的病畜，常不愿或不能站立。这时可将后躯尽可能垫高。如站立进行整复，必须使其后肢站于高处。在保定前，应先排空直肠内的粪便，防止整复时排便，污染子宫。为了防止母畜努责，可施荐尾间硬膜外麻醉。但麻醉不宜过深，以免患畜卧下，妨碍整复。

病牛侧卧保定时，可先静脉注射硼葡萄糖酸钙，以减少瘤胃臌气。由两助手用布将子宫兜起提高，使它与阴门等高，并将子宫摆正，然后整复。在确证子宫腔内无肠管和膀胱时，为了掌握子宫，并避免损失子宫黏膜，也可用长条消毒巾把子宫从下至上缠绕起来，由助手将它托起，整复时一面松解缠绕的布条，一面把子宫推入产道。

整复时应先从靠近阴门的部分开始。操作方法是将手指并拢，用手掌或者用拳头压迫靠近阴门的子宫壁（切忌用手抓子宫壁），将它向阴道内推送。推进去一部分以后，由助手在阴门外紧紧顶压固定，术者将手抽出来，再以同法将剩余部分逐步向阴门内推送，直至脱出的子宫全部送入阴道内。整复也可以从下部开始，即将拳头伸入子宫角尖端的凹陷中，将它顶住，慢慢推回阴门之内。上述两种方法，都必须趁患畜不努责时进行，而且在努责时要把送回的部分紧紧顶压住，防止再脱出来。如果脱出时间已久，子宫壁变硬，子宫颈也已缩小，整复就极其困难。在这种情况下，必须耐心操作，切忌用力过猛、过大，动作粗鲁和情绪急躁，否则更易使子宫黏膜受到损伤。

脱出的子宫全部被推入阴门之后，为保证子宫全部复位，可向子宫内灌注 9～10L 热水，然后导出。在查证子宫角确已恢复正常位置，并无套叠后，向子宫内放入抗生素或其他防腐抑菌药物，并注射子宫收缩的药物，以免再次脱出。

猪脱出的子宫角很长，不易整复。如果脱出的时间短，或猪的体型大，可在脱出的子宫角尖端的凹陷内灌入淡消毒液，并将手伸入其中，先把此角尖端塞回阴道中后，剩余部分就能很快被送回去；再用同法处理另一子宫角。如果脱出时间已久，子宫颈收缩，子宫壁变硬，或猪体型小，手无法伸入子宫角中，整复时可先在近阴门出隔着子宫壁将脱出较短的一个角的尖端向阴门内推压，使其通过阴门。这样操作往往并不困难，但整复脱出较长的另一个角时，因为前一个角堵在阴门上，向阴门推进就很困难。这时更要耐心仔细操作，只要把猪的后肢吊起，角的尖端通过阴门后，其余部分就容易被送回去。

一般认为，猪对子宫脱出后整复操作的耐受力较差。因此，有人想出了借助水的压力使子宫复位的“漂浮”整复法，其操作方法是，将患猪在斜面上头朝下侧卧保定，将长度为1.9m、直径为2cm的软胶皮管的一端轻轻地插入脱出的子宫凹陷内，并尽可能向前移动，然后将清洁的热水或生理盐水缓慢地灌入子宫。灌入子宫内的水达到一定重量时能将子宫坠入腹腔。此时将软管再向前伸，再灌些热水。这种方法不仅可使整个子宫退回腹腔，而且不需要进行手术整复即可使子宫完全复位。当然，有时猪的子宫脱出用任何办法都无法整复，只有实施剖腹术，通过腹腔整复。如果整复前将氢化泼尼松10～15mg加入5%～10%的葡萄糖溶液500ml中进行静脉注射，术后在皮下或肌内注射催产素50IU及0.1%肾上腺素0.5～1ml，可以降低死亡率。

整复后，为了防止再次脱出，可根据情况再次采用一些压迫固定阴门的措施，如缝合阴门，将阴道侧壁与臀部进行缝合，将阴道底壁与腹直肌缝合固定以及采用阴门压定器等。

实验二十六　生产瘫痪的诊治

【实验目的】

1. 认识生产瘫痪的症状。

2. 了解其治疗方法。

【实验内容】

1. 了解患畜的病史以便更好地判断。

2. 掌握生产瘫痪的临床检查方法。

3. 掌握如何治疗生产瘫痪。

【实验对象】

生产瘫痪病牛

【实验材料和器材】

体温计、听诊器、乳房送风器、乳导管或针尖磨平的注射针头、注射器、治疗药品。

【实验方法与步骤】

1. 询问病史

主要了解病畜的年龄、胎次、过去的产奶量，分娩时间及经过，发病时间及过程，发病早期有无神经兴奋症状或损伤，治疗情况，既往病史，饲养情况等。

2. 临床检查

按常规进行全身检查，着重观察是否有昏睡现象，是否出现头部弯向胸腹壁的特殊卧势，或者头颈及髻甲部呈特殊的S状弯曲状态。此外，尚需检查鼻镜干燥程度，皮温均匀与否，针刺皮肤及四肢有无痛觉反应，胃痛是否迟缓和臌气以及四肢有无受到损伤的迹象。

3. 治疗

静脉注射钙剂或乳房送风是治疗生产瘫痪最有效的常用疗法，治疗越早，疗效越高。

(1) 静脉注射钙剂

最常用的是硼葡萄糖酸钙溶液（葡萄糖酸钙溶液中加入4%的硼酸，以提高葡萄糖酸钙的溶解度和稳定性），一般的剂量为静脉注射20%～25%硼葡萄糖酸钙500ml。葡萄糖酸钙的副作用及对组织的刺激性较其他钙剂（如氯化钙等）小，所以也可皮下注射，在治疗此病时，一般将硼葡萄糖酸钙总注射量的一半皮下注射，另一半静脉注射。如无硼葡萄糖酸钙溶液，可改用市售的10%葡萄糖酸钙注射，但剂量应加大，按20mg/ml纯钙的剂量注射。静脉补钙的同时，肌内注射5～10ml维丁胶性钙有助于钙的吸收和减小复发率。

注射硼葡萄糖酸钙的疗效一般在80%左右。注射后6～12h病牛如无反应，可重复注射，但最多不得超过3次，而且继续注射可能发生不良后果。使用钙剂的量过大或注射的速度过快，可使心率增快和节律不齐，一般注射500ml溶液至少需要10min的时间。对钙疗法无反应或反应不明显（包括复发）的病例，除诊断错误或有其他并发病外，另一主要原因是使用的钙量不足。

羊患生产瘫痪，也可静注10%葡萄糖酸钙50～100ml（或腹腔注射）。另外可给以轻泻剂，促进积粪排出，并改进消化功能。

犬患产后低钙血症时，也可用10%葡萄糖酸钙20ml，混于200ml 5%葡萄糖注射液中，缓慢静脉注射，速度为1～3ml/min。注射15min后，患犬症状开始缓解，痉挛减轻，体温下降，呼吸及心搏次数减少。当输液完毕时，患犬能够站立行走。为防止复发，第二天可补充静注10%葡萄糖酸钙10ml，5%葡萄糖注射液200ml，或口服维丁胶性钙片，每日1次，每次2片，连用7d。

(2) 乳房送风疗法

本法至今仍然是治疗牛生产瘫痪最有效和最简便的疗法，特别适用于对钙疗法反应不佳或复发的病例。其缺点是技术不熟练或消毒不严时，可引起乳腺损伤和感染。

乳房送风疗法的机理是在打入空气后，乳房内的压力随即上升，血管受到压迫，因此流入乳房的血液减少，随血流进入乳汁而丧失的钙也减少，血钙水平（也包括血磷）回升。与此同时，全身血压也升高，可以消除脑的缺血和缺氧状态，使其调节血钙平衡的功能得以恢复。另外，向乳房打入空气后，乳腺的神经末梢受到刺激并传至大脑可提高脑的兴奋性，解除其抑制状态。

向乳房内打入空气需要乳房送风器。使用之前应将送风器的金属筒消毒并在其中放置干燥消毒棉花，以便滤过空气，防止感染。没有乳房送风器时，也可利用大号连续注射器或普通打气筒，但过滤空气和防止感染比较困难。

打入空气之前，使牛侧卧。挤净乳房中的积奶并消毒乳头，然后将消过毒而且在尖端涂有少许的润滑剂的乳导管插入乳头管内，注入青霉素10万IU及链霉素0.25g（溶于20～40ml生理盐水内）。

四个乳区均应打满空气。打入的空气量以乳房皮肤紧张、乳腺基部的边缘清楚并且变厚、同时轻敲乳房呈现敲响音为宜。应当注意，打入的空气不够，不会产生效果。打入空气过量，可使腺泡破裂，发生皮下气肿。空气逸出以后，会逐渐向尾根一带的皮下组织中，2 周左右可以消失。

打气之后，用宽纱布将乳头轻轻扎住，防止空气逸出。待病畜起立后，经过 1h，将纱布条解除。扎勒乳头不可过紧及过久，也不可用细线结扎。

绝大多数病牛在打入空气后 10min 鼻镜开始变湿润，15 ~ 30min 眼睛睁开，开始清醒，头颈姿势恢复自然状态，反射及感觉逐渐恢复，体表温度也升高。驱之起立后，立刻进食，除全身肌肉尚有颤抖及精神稍差外，其他均恢复正常。肌肉震撼在数小时之后消失。

实验二十七　母畜不育的诊治

【实验目的】

1. 掌握不育的基本诊断方法。

2. 掌握不育的常用治疗方法。

【实验内容】

1. 了解患畜的病史以便更好地诊断。

2. 掌握母畜不育的流行病学调查。

3. 掌握母畜不育的临床检查方法。

4. 掌握母畜不育的特殊检查方法。

5. 掌握母畜不育的常用治疗方法。

【实验对象】

患生殖器官的母畜、卵巢及生殖道染病的病理标本。

【实验材料和器材】

阴道和直肠检查所用的器械、药物及用品，包括开张器、反光镜或手电筒、长臂塑料手套、毛巾、肥皂、40～60cm长的细竹棒、消毒棉花、消毒用的药品及润滑剂等；培养皿、载玻片、染色设备（包括染液等）；冲洗子宫的器械、药品、包括子宫洗涤器、橡皮管、导尿管、漏斗、小动物灌肠器及冲洗子宫的药物；治疗母畜子宫及卵巢疾病的各种药物。

【实验方法与步骤】

1. 病史调查

收集病史时要尽可能收集最为详尽的各种资料，详细了解动物个体及全群的繁殖状态。询问病史时应详细了解下列内容。

①不育母畜的数量，估计不育的原因是带有共同性的，还是仅为个别情况。

②母畜的年龄，推测是否有先天性或衰老性不育的可能。

③母畜的饲养、管理和利用情况，可以确定是否为营养性和管理利用性不育。

④母畜过去的繁殖情况，如怀胎的次数，上次分娩的时间、过程和产后经过，产后发情周期恢复的时间，以及发情周期的次数和规律，发情的时间和现象，配种次数、时间、方法和技术是否熟练等，有时可初步诊断母畜的不育是否为繁殖技术性的或为疾病的。

⑤母畜是否患有生殖器官疾病，患病时间的长短、表现何种症状，阴门中有无液体排出，其性状如何、数量多少等，是否接受过治疗，治疗的情况如何等。

⑥母畜以前是否患过有关的传染病和寄生虫病，有些疾病可能影响母畜的全身健康或者生殖器官而导致不育。

⑦畜群中公畜的数目、饲养管理、健康状况、年龄、配种能力、精液状况、配种定额和过去的繁殖成绩等。

⑧是人工输精还是自然配种，配种人员的技术熟练程度如何。

病史资料只作为参考，临床检查才是主要的。对没有发情周期循环、产后期之后阴道仍然排出异常分泌物、发情的间隔时间短于15d或持续发情、发情周期长于28d或不规律、上次妊娠曾经发生流产或难产、分娩之后曾经发生胎衣不下或子宫脱出的母畜，最有可能发生不孕，必须仔细检查。

2. 流行病学调查

引起动物不育的原因中，传染性因素是一个极为重要的方面。通过流行病学调查，可以查明传染病发生和发展的过程，诸如传染源、易感动物、传播媒介、传播途径、影响传染散播的因素和条件、疫区范围、发病率和死亡率等，有助于拟定有效的防治措施。流行病学调查可以从以下几个方面着手：

①询问与家畜直接有关的人员，力求查明传染源和传播媒介。

②现场察看疫区情况，以便进一步了解疫病流行的经过和关键问题所在。

③实验室检查确定诊断，发现隐形传染源，证实传播途径，摸清畜群免疫水平和有关病因等。

④全部资料进行统计、分析和讨论，并做出相应的结论。

3. 临床检查

（1）外部检查

注意观察家畜的全身状况，如体态、行动、行为、被毛及膘情等，注意其外阴部的情况和阴道分泌物的状况。

有些患卵巢囊肿的母牛荐坐韧带明显松弛，阴门肿大，尾根一直高抬。母牛长期患子宫炎时可见阴唇松弛。患传染性结节性阴门阴道炎的母牛阴唇明显肿大，且有水肿。

阴道分泌物中含有脓性颗粒，表明生殖道存在化脓性炎症。其来源可能是生殖道的任何部位，必须弄清其出处。应注意某些例外情况，如有母牛患有子宫积脓，在阴道中可能见不到任何分泌物；在正常妊娠后期，有些母牛也会排出大量的脓性分泌物。有时在卵巢囊肿患牛可以见到阴门内存有灰色分泌物。

（2）阴道检查

阴道检查在某些病例可作为一种辅助方法，来帮助解释直肠检查的结果。在大型集约化奶牛场，阴道检查可以来诊断子宫内膜炎。阴道检查包括徒手检查法和开膣器检查法两种。

徒手检查时用无刺激性的肥皂水洗涤动物的阴门及会阴部。检查前将手臂彻底清洗消毒，带上塑料手套，并充分涂敷润滑剂。检查产后牛阴道和子宫颈的损伤。胎衣滞留情况及子宫颈的开张程度。

开张器检查时，应观察子宫颈的位置和开张程度，子宫颈及阴道分泌物的颜色、性状、是否有其他异常。

正常的阴道黏膜为粉红色，且较湿润，发情时黏膜轻度充血，子宫颈外口及阴道中有清澈的黏液；发生病理情况时，子宫颈内可排出脓性分泌物，有时阴道中也有积聚有异常分泌物，阴道及前庭黏膜有时严重充血，颜色苍白，并形成溃疡或结节。

（3）直肠检查

在母畜产科临床上，直肠检查仍然是最为经济、准确、广泛应用的方法。探索子宫颈、子宫、卵巢及其周围结构的注意要点如下：

①子宫颈的检查。牛的子宫颈呈圆柱状，较硬，在骨盆底的中线耻骨前沿。应仔细触诊其形状、大小，并查明其准确位置。

子宫颈的大小随年龄、繁殖阶段有无异常而有变化。青年母牛的子宫颈略小，随着年龄增长及胎次增多，子宫颈逐渐变大，后端变粗。子宫颈的形状一般不随生理状态的改变而发生变化。

产后子宫颈的复旧基本与子宫同步，但过程略缓慢，当子宫角已复旧时子宫颈仍然较大。流产后也有这种现象，可用来帮助判断动物发生流产与否。

子宫颈的游离性受子宫重量的制约。妊娠 60 ~ 70d 和产后 10 ~ 14d，患子宫积脓、子宫积液、子宫肿瘤、胎儿干尸化的病牛，子宫颈可能会被固定难于移动。异性孪生不育母犊子宫颈不在原来位置，且为一狭窄的带状结构，甚至缺失。

②子宫的检查。主要是大小及其收缩力量发生改变。妊娠时子宫逐渐增大。发情前 1 ~ 2d 子宫的张力及敏感性逐渐增加，接受爬跨时达到高潮，此时子宫角紧缩卷曲，壁变厚，受到刺激时变化更加明显，排卵后 48h 子宫肌的敏感性消失。

③卵巢的检查。为了查明母牛的不育，要定期直肠检查卵巢的大小、形状、质地及位置的变化。未孕母牛的卵巢，随着卵泡、黄体的发育、退化而出现周期性的变化；如果患有某种疾病，卵巢周期性变化就会紊乱或停止。卵泡为光滑的圆形，突起于卵巢表面，最大直径为 2.0 ~ 2.5cm，有波动感，排卵前变软。黄体直径 2.5 ~ 3.5cm，黄体组织突出于卵巢表面形成冠状结构。黄体的表面形状及质地与卵巢不同，较硬，比较容易与卵巢本身区别。

4. 特殊检查

通过生殖器官的检查并结合病史，对大多数病例即可做出诊断，有时则需要借助特殊的实验手段来进行确诊。

①阴道及子宫颈黏液样品细菌黏液样品细菌学检查：通过开张器用拭子采集阴道黏液，也可用小滴管从阴道前端及子宫颈外口中吸取。

②阴道黏液凝集试验诊断牛阴道弧菌病：先将开膣器插入阴道前端，然后将纱布放置在阴道中，并抽出开张器，经过20～30min待纱布吸满黏液后取出放入瓶中，送实验室检查。

③阴道黏膜样品检查牛的阴道滴虫：将吸管或注射器直接插入阴道吸取分泌物，如果黏膜干燥，采样前可注入10～25ml生理盐水。在12h内显微镜下观察有无滴虫存在。

④子宫内采样方法：手在直肠内将子宫固定住，将采样的器械经阴道送入子宫颈口采集样品。其操作方法与人工输精完全相同。

⑤腹腔镜检查：用腹腔镜/内窥镜直接观察动物的生殖器官。

⑥超声波检查：用B型断层扫描实时观察卵巢、子宫的变化。

⑦孕酮分析：测定血浆及乳汁孕酮浓度，可用来诊断动物的发情周期有无异常。

⑧子宫内膜活组织采样：子宫活组织样品组织学检查，可以帮助判断不育的性质。

5. 母畜不育的常用治疗方法

（1）冲洗疗法（图27－1）

母畜（尤其是牛）发情时是冲洗子宫的最好时刻，因为这时子宫颈是开放的。如果子宫颈口封闭，可以先注射雌激素，一般在注射后6～12h子宫颈口逐渐开张，即可进行冲洗。

冲洗之前先用消毒液洗净外阴部及其周围的区域。然后用带有回流支管的子宫导管或小动物灌肠器进行冲洗。用40～45℃的冲洗液较好，一般用500～2 000ml，每天或隔日1次。

如果注入溶液不是很顺利，不可加大压力，以防液体进入输卵管，引起炎症扩散。

冲洗后经直肠按摩子宫，促进子宫收缩，从而使液体排出。也可在子宫颈管中插入一根橡皮管，将它的后端缚在尾根上，排出液体。

冲洗子宫时，常用不同浓度（1%～10%）的盐水，开始时使用浓度较高的溶液，随着子宫渗出物的减少，应逐渐降低溶液的浓度。除此之外，临床上也常用各种消毒溶液冲洗子宫。

（2）涂擦疗法

当前庭、阴道黏膜或子宫颈发炎时，也常将药液或油膏、糊剂等直接涂在患处。常

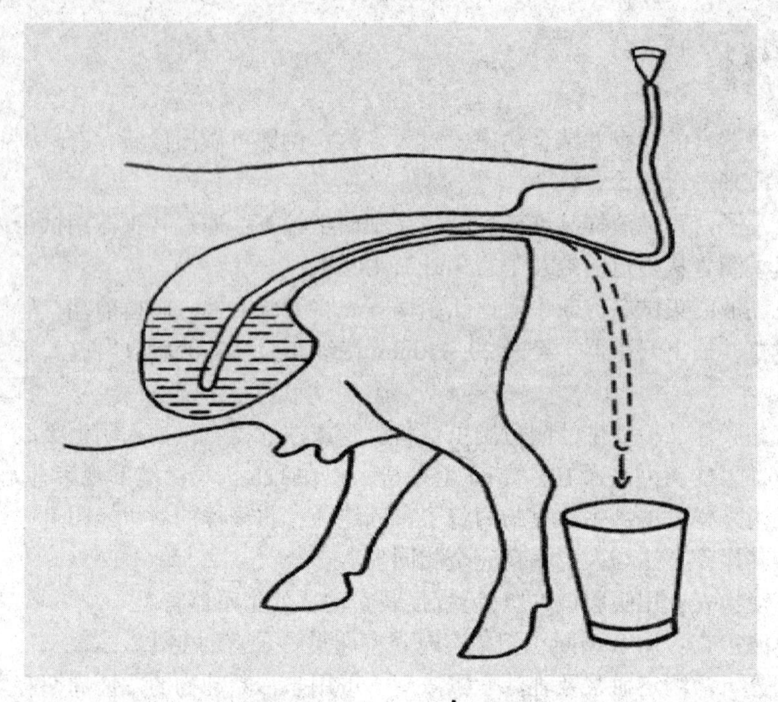

图 27-1 牛的子宫冲洗法

用的有 1% ~2% 龙胆紫溶液、复方碘溶液、碘甘油溶液以及外科常用的油膏等。可以用开张器将阴道开张。用子宫钳伸入阴道涂擦，也可用注射器通过橡皮管将药均匀涂布在黏膜上。

(3) 填塞疗法

用数层纱布将药物卷起来，或者在纱布中包上浸有药液的棉花，然后填塞阴道。填塞时间不可过长，特别是有刺激性的药物尤应注意。

(4) 抗生素疗法

将抗生素粉剂装入胶囊，在冲洗之后直接送入子宫。也可应用抗生素溶液灌注子宫。如用溶液，一般以 20 ~40ml 为宜，体积过大则易回流，不能发挥药效。

常用的抗生素为氯霉素（每次 1 ~2g）、四环素族抗生素（每次 0.5 ~2g）、青霉素（20 万 ~40 万 IU）和链霉素（0.5 ~1g）等。

(5) 激素疗法

治疗母畜不育、经常使用激素调节卵巢机能。常用的有绒毛膜促性腺激素、孕酮、促黄体素、前列腺素等。

(6) 激光照射疗法和电针疗法

可参照教材中有关章节叙述的方法使用。

参考文献

[1] 金艺鹏，林德贵．兽医外科手术学实验教程［M］．北京：中国农业大学出版社，2009.

[2] 赵兴绪．兽医产科学实习指导［M］．北京：中国农业出版社，2001.

[3] 郑继昌，闫慎飞．动物外产科技术［M］．北京：化学工业出版社，2009.

[4] 公允阉割技术［J］．贵州畜牧兽医，2010（35）：26－27.

[5] 吴敏秋，李国江．动物外科与产科［M］．北京：中国农业出版社，2006.

[6] 刘俊栋，赖晓云．动物外科与产科［M］．北京：中国农业科学技术出版社，2012.

[7] 顾剑新，陆桂平．动物外科与产科［M］．北京：中国农业出版社，2011.

[8] 林德贵．兽医外科手术学［M］．北京：中国农业出版社，2011.

[9] 赵兴绪．兽医产科学［M］．第三版，北京：中国农业出版社，2011.

[10] 赵兴绪．兽医产科学［M］．第四版，北京：中国农业出版社，2011.